Arvind Malik

Tyrophagus putrescentiae: Potencial de alimentação e estratégias de gestão

Arvind Malik

Tyrophagus putrescentiae: Potencial de alimentação e estratégias de gestão

ScienciaScripts

Imprint
Any brand names and product names mentioned in this book are subject to trademark, brand or patent protection and are trademarks or registered trademarks of their respective holders. The use of brand names, product names, common names, trade names, product descriptions etc. even without a particular marking in this work is in no way to be construed to mean that such names may be regarded as unrestricted in respect of trademark and brand protection legislation and could thus be used by anyone.

Cover image: www.ingimage.com

This book is a translation from the original published under ISBN 978-620-2-05228-3.

Publisher:
Sciencia Scripts
is a trademark of
Dodo Books Indian Ocean Ltd. and OmniScriptum S.R.L publishing group

120 High Road, East Finchley, London, N2 9ED, United Kingdom
Str. Armeneasca 28/1, office 1, Chisinau MD-2012, Republic of Moldova, Europe
Printed at: see last page
ISBN: 978-620-7-91992-5

AGRADECIMENTOS

A felicidade reside tanto na procura como na obtenção do bem e hoje estou de pé com o núcleo do meu esforço. Enquanto o perseguia, muitas mãos conhecidas e desconhecidas empurraram-me para a frente; almas eruditas colocaram-me no caminho certo e iluminaram-me com os seus conhecimentos e experiência. Não há palavras que possam exprimir adequadamente os meus sentimentos. Ficarei para sempre grato a todos eles. As minhas desculpas a todos aqueles que não mencionei.

Com um êxtase estupendo e uma profunda complacência, exprimo o meu profundo sentimento de dívida e gratidão à presidente do meu comité consultivo, a Dra. (Sra.) Rachna Gulati, Cientista, Departamento de Zoologia. Foi a sua orientação resoluta, o seu encorajamento inabalável, o seu interesse permanente e a sua ajuda incondicional durante todo o período do meu trabalho de investigação que me inspiraram a atingir o meu objetivo.

É com imenso prazer que registo a minha sincera gratidão aos membros do meu comité consultivo, Dr. V. P. Sabhlok, Professor do Departamento de Zoologia (Reformado), Dr. S.S. Sharma, Professor do Departamento de Entomologia, Dr. D.R. Aneja, Prof, Departamento de Matemática e Estatística, Dr. Ravi Kumar, Departamento de *Florestas (nomeado pelo Diretor PGS), Dr. Dharambir Sirgh, Professor Assistente do Departamento de Zoologia/ pelas suas valiosas sugestões, orientações e conselhos e pela aprovação no concurso.*

Agradeço ao Dr. (Sra.) Shash Madan, ao Dr. (Sra.) K.K. Wala e ao Dr. Pala Ram e a todos os membros do corpo docente do Departamento de Zoologia pelo seu apoio construtivo e pela sua orientação desde o início da minha presença no departamento.

Expresso o meu sincero agradecimento a todos os membros do pessoal não docente, em especial a Shankar Pandey, Balwan, Dnesh, Parhlad Sngh e Balbr j, pela sua cooperação e ajuda durante o período de investigação.

Estou também grato aos meus senores Dr. Monka, Dr. Kanka, Dr. Ntsh, Dr. Sunta e Anta pelo trabalho de investigação conjunto. Não posso esquecer os momentos que passei com todos os meus amigos no campus. Agradeço a todos os senores Amol, Chav, Reema, aos juniores Monka, Jyot, Parveen, Abhnav, Manohar, Hmani, Aastha, Vrangna, Hemlata, Sonka e aos meus amigos que gostariam de dar um prémio comercial às pessoas que merecem um prémio nobre por este feito.

Sentimentos que não podem ser traduzidos em palavras, do fundo do meu coração, agradeço sinceramente ao meu pai, à minha mãe e aos meus irmãos, cujo apoio sempre me fez voltar ao zelo de amar e de levar a vida em frente. Quero expressar-lhes a sua eterna paciência, amor, afeto e bênção que me trouxeram até aqui.

A ajuda financeira e as facilidades necessárias fornecidas pela CCS HAU, Hsar, são plenamente reconhecidas.

Como um Deus abençoado, agradeço-lhe a oportunidade e o apoio contínuo.

SETEMBRO, 2014

(ARVIND)

LOCAL: HISAR

ÍNDICE DE CONTEÚDOS:

CAPÍTULO 1

INTRODUÇÃO

A origem da agricultura remonta ao período em que ocorreu a transição da recolha de alimentos para a sua conservação, há 10 000 anos (final da era do Pleistoceno). No cenário atual, com a explosão da população humana, a escassez de alimentos está a tornar-se uma grande preocupação em todo o mundo. Este problema pode ser resolvido reduzindo as perdas de produtos alimentares não só durante o período de crescimento mas também durante a armazenagem pós-colheita. As principais razões para as perdas pós-colheita são (a) falta de condições sanitárias durante a aquisição, o transporte e o armazenamento, (b) goteiras com fugas e mal mantidas, (c) aceitação de grãos abaixo do padrão e infestados, (d) aplicação inadequada e imprópria de fumigantes/insecticidas, e (e) falta de mão de obra treinada (Ahmed et al., 2008).

Entre os grãos, os cereais são as principais fontes alimentares em todo o mundo, fornecendo mais nutrientes do que qualquer outra fonte alimentar. O trigo é um dos cereais mais importantes a nível mundial, em termos de produção e utilização (Nadeem et al., 2010). O trigo é composto por numerosos nutrientes valiosos que fornecem 60% das calorias e proteínas diárias. Os principais componentes de interesse no grão são o amido (60-70%), as proteínas (10-15%) e os polissacáridos não amiláceos (Saulnier et al., 2007; Leon et al., 2010). Entre estes, as proteínas e os hidratos de carbono são componentes nutritivos cruciais, enquanto os minerais, as vitaminas e a fibra alimentar são de natureza não nutritiva (Slavin, 2008; Rakha et al., 2010). Embora seja visto principalmente como uma fonte de hidratos de carbono, é também uma fonte substancial de proteínas, vitaminas e minerais quando consumido como um componente importante da dieta. O trigo é também amplamente utilizado em muitas partes do mundo para a preparação de produtos de panificação, como o pão (Hoseney et al., 1988).

Os cereais constituem uma fonte abundante de nutrientes para uma variedade de organismos, incluindo microrganismos, insectos, ácaros e roedores. A interação complexa entre o grão, o microambiente e os organismos conduz à biodeterioração do grão. O grau de infestação de um produto depende das pragas envolvidas, das condições ambientais (por exemplo, temperatura e teor de humidade), do grau de condições de higiene adequadas (Palyvos et al., 2008) e do tipo de tecnologia de armazenamento (Stejskal et al., 2003). Estudos anteriores sugerem que os danos causados por factores bióticos aos grãos e produtos cerealíferos armazenados podem atingir 5-10% na zona temperada e 20-30% na zona tropical. Esses danos podem atingir 40% em países onde não foram introduzidas tecnologias modernas de armazenagem (Shaaya et al., 1997). Recentemente, Bashir et al. (2013) estimaram em cerca de 8 por cento as perdas pós-colheita no trigo devido a pragas de armazenamento.

Entre as pragas de armazenagem, os ácaros pertencentes à família Acaridae estão a ganhar importância devido à sua incidência crescente e à sua associação/interação com fungos e insectos, causando uma rápida deterioração qualitativa e quantitativa dos grãos. Foram efectuados estudos sobre ácaros que infestam produtos armazenados em várias regiões do mundo (Sinha, 1964a; Franz et al., 1997; Hubert et al., 2006). De entre os Acaridae, que incluem cerca de 400 espécies, Tyrophagus putrescentiae (Schrank, 1781) é uma espécie de ácaro omnipresente, importante do ponto de vista agrícola e médico, que é considerada uma praga grave de vários produtos armazenados em todo o mundo, especialmente aqueles com elevado teor de gordura e proteína (Hughes, 1976; Sinha, 1979; Darvishzadeh e Kamali, 2009). Klimov e Connor (2009) verificaram a sinonímia de T. putrescentiae com Tyrophagus americanus (Banks 1906), T. breviceps (Banks, 1906), T. cocciphilus (Banks, 1906), T. castellanii (Hirst, 1912), T. australasiae (Oudemans, 1916), T. neotropicus Oudemans, 1917, T. amboinensis Oudemans (1925), T. communis e T. nadinus (Lombardini, 1944). Pode também ser encontrada em cogumelos cultivados, solo, musgos, folhada, armazéns, celeiros e edifícios agrícolas devido à sua capacidade de tolerar baixa humidade e uma vasta gama de temperaturas (Hughes 1976). Esta espécie também foi observada em pólenes. São de particular importância nas regiões tropicais (Sanchez-Ramos e Castanera, 2005). Na Índia, já foram registadas setenta espécies de ácaros de produtos armazenados. As espécies de pragas importantes são Acarus sp., Tyrophagus sp., Suidasia sp., Glycyphagus sp., Lardoglyphus sp. e Lepidoglyphus sp. (Singh e Gulati, 2001). Entre os diferentes grupos, Astigmata constitui um grupo dominante no ecossistema de grãos armazenados, seguido por Prostigmata e Mesostigmata (Chhillar et al., 2007).

Até há pouco tempo, foram sempre consideradas pelas autoridades de armazenagem como pragas incómodas ou contaminantes de pouca importância económica. Esta ignorância deveu-se principalmente ao facto de os danos causados por estas pragas aos produtos a granel terem sido sempre ofuscados pelas pragas principais, como os escaravelhos. Na última década, contudo, registou-se um aumento significativo do seu estatuto de pragas, por duas razões principais. Em primeiro lugar, os mercados estão a tornar-se cada vez mais sensíveis a estas pragas como contaminantes. Em segundo lugar, estas pragas não respondem às tácticas de gestão que foram desenvolvidas para as pragas de escaravelhos (Nayak, 2006). Os ácaros compensam o seu pequeno tamanho causando danos significativos aos produtos armazenados através de explosões populacionais quando o ambiente de armazenamento é quente e húmido. Em condições óptimas de 30°C e 75 por cento de humidade relativa, os ácaros multiplicam-se 500 vezes por mês (Hughes, 1976; Leong e Ho, 1995). Estes ácaros são capazes de se desenvolver em sementes armazenadas com um teor de humidade superior a 8% (Sinha, 1984). Alimentam-se de fungos que crescem nas sementes e também se alimentam de sementes danificadas. Os ácaros têm pouco efeito sobre a qualidade das sementes com um teor de humidade inferior a 8 por cento (Armitage, 1980).

A degradação dos alimentos armazenados também ocorre devido à acumulação de resíduos nocivos (fungos, ácaros mortos, fezes, ovos e pedaços de alimentos) através das actividades dos ácaros (Hughes, 1976; Parkinson, 1990; Zdarkova, 1991). Os danos infligidos pelos ácaros de armazenagem dependem da rapidez com que a população pode aumentar em número e do tempo decorrido desde a primeira infestação do produto armazenado (Cunnington, 1976). Os ácaros dos produtos armazenados têm um ciclo de vida de curta duração e uma taxa de reprodução rápida, que varia em função do alimento disponível, da humidade e da temperatura. O tempo de desenvolvimento de T. putrescentiae do ovo ao adulto em condições óptimas foi de 9,4, 7,2 e 8,5 dias a 25, 30 e 32,5^0 C, respetivamente (Sanchez-Ramos et al., 2007). A disponibilidade de fontes adicionais de proteínas ou sacarídeos na dieta teve um impacto no aumento da população de T. putrescentiae. A população de T. putrescentiae aumentou 319, 317 e 180 vezes em seis semanas, quando se adicionou levedura em pó, glucose ou açúcar à dieta básica de farelo de trigo (massa da dieta: massa do aditivo 10:3), respetivamente. No entanto, a população de T. putrescentiae aumentou apenas 70 vezes quando criada com a dieta básica (Huang et al., 2013).

Os ácaros dos grãos armazenados são as principais pragas do trigo durante o seu armazenamento e são responsáveis pelas perdas qualitativas e quantitativas (Mahmood et al., 2011). Os ácaros causam não só uma perda de peso direta nos materiais alimentares, mas também reduzem a viabilidade das reservas de sementes, uma vez que o seu ataque se limita principalmente ao embrião (Zdarkova, 1996; Gulati et al., 1999). A maioria dos ácaros alimenta-se seletivamente da parte germinal do grão e, depois de esgotar o germe de um grão, passa para o germe de outro grão (Singh, 1990). O trigo armazenado infestado com três espécies de ácaros, Lepidoglyphus destructor, Acarus furris e Aeroglyphus robustus, apresentou uma diminuição de 38% na germinação das sementes, em comparação com 68% no controlo, na 26ª semana. A diminuição da viabilidade das sementes foi mais rápida no trigo infestado com L. destructor, particularmente entre as semanas 12 e 26 (White et al., 1979). As formas moídas/quebradas são preferíveis aos grãos inteiros devido aos muitos sítios receptores da porção germinativa (Kohli e Mathur, 1994).

Os grãos infestados de ácaros sofrem uma série de alterações na sua composição química e, consequentemente, resultam em perdas nutricionais (Ashfaq et al., 1995). Os ácaros de armazenagem são pestilenciais para muitos produtos armazenados porque contribuem para danos físicos (Solomon, 1946; Zdarkova e Reska, 1976), alterações na composição química dos alimentos armazenados (White et al., 1979), reacções alérgicas nos seres humanos (Arlian, 2002; Kondreddi et al., 2006) e disseminam fungos toxigénicos como Aspergillus spp. e Penicillium spp. (Franzolin et al., 1999; Hubert et al., 2004). Além disso, o produto armazenado pode adquirir um odor a menta devido às secreções lipídicas dos ácaros. Matsumoto et al. (1996) e Colloff (2009) consideraram-nos responsáveis por doenças alérgicas entre os agricultores e os trabalhadores que manuseiam produtos armazenados fortemente infestados. Podem causar enterite aguda, diarreia, dermatite, asma, acariose pulmonar e acariose urinária (Li et al., 2003; Yadav et al., 2006). Devido à sua alimentação, a cor dos grãos muda de brilhante para baça, que lentamente se transforma em cor negra. Os surtos de ácaros, para além de causarem danos graves aos produtos armazenados (Kleih e Pike, 1995), aparecem como tapetes móveis de poeira castanha nos produtos, silos e pavilhões, causando desconforto aos trabalhadores. Em infestações pesadas, os T. putrescentae emitem um odor húmido e pungente, o que lhes valeu o nome comum de "ácaro com cheiro a limão" (Nayak, 2006).

A gestão dos grãos armazenados exige a utilização de várias técnicas para garantir que a qualidade durante o armazenamento não se deteriore com o tempo. Estas medidas incluem a utilização de saneamento; o armazenamento de grãos sãos e secos; a gestão da temperatura e do arejamento; a utilização de protectores químicos (Stara et *al.*, 2011), atmosferas modificadas, fumigantes como a fosfina, o brometo de metilo e o fluoreto de sulfurilo (Bowley e Bell, 1981), poeiras inertes e amostragem regular (Herbert, 2009). A fosfina tem restrições severas devido a considerações de segurança e ambientais e a utilização repetida de produtos químicos levou a populações resistentes de T. putrescentiae (Szlendak et al., 2000). Além disso, tem efeitos indesejáveis em organismos não visados, o que suscitou preocupações ambientais e de saúde humana (Hays e Laws, 1991). Estes problemas evidenciaram a necessidade de desenvolver novas estratégias de controlo dos ácaros de armazenagem. Vários cientistas tentaram manter a população de acarinos abaixo dos limiares económicos através da utilização de agentes de biocontrolo (Pekar e Hubert, 2008), de práticas físicas e mecânicas (Kohli e Mathur, 1993; Mourier e Poulsen, 2000, e de protectores de grãos (Hubert e Pekar, 2009). No entanto, a aplicação de tecnologias alternativas nos armazéns de cereais é ainda limitada (Chambers 2003). Por conseguinte, é importante propor e testar novas abordagens e a sua viabilidade para o controlo dos ácaros dos produtos armazenados.

Os extractos derivados de plantas, os pós (Gulati, 1998; 2002; Gulati e Mathur, 1995) e os óleos essenciais podem ser opções para o controlo dos ácaros (Lee et al., 2006). Os álcalis, álcoois, aldeídos, terpenóides e alguns monoterpenóides derivados de plantas apresentam propriedades fumigantes (Macchioni et al., 2002). Existem vários estudos que demonstraram a eficácia dos óleos essenciais de plantas no controlo de pragas de produtos armazenados (Lee et al., 2006). Entre os produtos botânicos, Allium sativum, Curcuma longa, Azadirachta indica, Glycyrrhiza glabra, Ocimum sp. têm efeitos tóxicos e repelentes sobre os ácaros da armazenagem (Gulati, 1998; 2007a; b; Anita et al., 2014) e os insectos (Jacobson, 1990; Chiam et al., 1999; Huang et al., 2000). Withania somnifera e Pongamia pinnata são os outros produtos botânicos que mostraram atividade acaricida contra o ácaro fitófago, Tetranychus urticae (Kanika et al., 2014)

Tendo em conta os factos acima referidos e a necessidade de procurar medidas de controlo botânico eficazes contra a famosa praga de grãos armazenados T. putrescentiae, foi decidido investigar o impacto dos níveis de infestação de ácaros em grãos de trigo e farinha armazenados durante seis meses de armazenamento e a sua gestão com os seguintes objectivos 1. Determinar o impacto de diferentes níveis de infestação de ácaros em grãos de trigo armazenados.
2. Estimar as perdas qualitativas dos grãos armazenados em diferentes níveis de infestação.
3. Avaliar a eficácia de alguns produtos botânicos contra T. putrescentiae em grãos armazenados.

CAPÍTULO 2
REVISÃO DA LITERATURA

O armazenamento é uma prática e uma arte em que, em condições higiénicas, os produtos armazenados são preservados da infestação de pragas de uma estação para a seguinte, a fim de manter o valor alimentar e o valor das sementes. Entre as pragas de armazenamento, os ácaros actuam como invasores secundários que não podem infestar grãos sãos, mas que se alimentam de grãos partidos, detritos, sementes com elevado grau de humidade e grãos danificados por pragas primárias de insectos. Estes invasores contribuem diretamente para a deterioração dos grãos após o estabelecimento, tal como as pragas primárias (Weaver e Petroff, 2009). Os danos causados pelos ácaros dos grãos armazenados passam geralmente despercebidos até que o grão seja retirado da instalação de armazenamento. Foi feito um esforço para apresentar e rever a literatura disponível sobre ácaros de armazenagem, em particular Tyrophagus putrescentiae Schrank (Acari: Acaridae) em diferentes subcabeças.

2.1 Tyrophagus putrescentiae: Distribuição Mundial

Os ácaros são aracnídeos minúsculos que são difíceis de ver e que muitas vezes não são detectados até que o seu número seja significativo. Foram efectuados estudos sobre ácaros que infestam produtos agrícolas armazenados em várias regiões do mundo (Blumberg, 1939; O'Farrell e Butler 1948; Baker e Wharton, 1952; Sinha, 1964a; Zdarkova, 1996; 1998; Cusack et al, 1976; Jeffrey 1976; Akimov, 1977; Pagliarini 1979; Saleh et al., 1985; Corpuz-Raros et al., 1988; Evans, 1992; Mahmood 1992; Emmanouel et al., 1994; Franz et al., 1997; Long- shu e Qing-Hai 1997; Thind e Clarke 2001; Stejskal et al., 2003; Kucerova e Horak 2004; Hubert et al., 2006). Estão disponíveis vários relatórios exaustivos do Canadá (Sinha, 1966; 1973; 1974; Sinha e Watters, 1985), Checoslováquia (Zdarkova, 1996), Alemanha (Ohms, 1985), Nova Zelândia (Sommerfield et al., 1980), Polónia (Boczek, 1967; Boczek e Czajkowska, 1968), Reino Unido (Solomon, 1946; Hughes, 1961; 1976; Griffiths, 1960; 1962; Griffiths et al., 1976) e EUA (Sinha, 1964a; b).

Na Índia, Pillai (1957) foi o primeiro a estudar os ácaros dos cereais armazenados e registou a ocorrência de Glycyphagus hughesi no trigo. Posteriormente, vários trabalhadores estudaram a abundância sazonal e os processos de vida dos ácaros armazenados (Som Chaudhary e Mukherjee, 1971; Ghai, 1976; Rout, 1978; Nahar e Gupta, 1980; Mathur e Mathur, 1982; Maurya et al., 1983; Rao e Prakash, 1985; Nangia e Channabasavanna, 1986). Até à data, já foram comunicadas setenta espécies de ácaros de produtos armazenados. As espécies importantes de ácaros são Acarus sp., Tyrophogus sp., Suidasia sp., Glycyphagus sp., Lardoglyphus sp. e Lepidoglyphus sp (Chhillar et al., 2007).

2.2 Estado da praga e gama de hospedeiros

Sabe-se que os ácaros armazenados infestam grãos, farinhas, cereais, alimentos para animais de estimação, bolores, alimentos secos para animais de estimação, misturas para panificação, produtos de grãos, materiais vegetais secos, queijo, milho e frutos secos (Rodriguez e Rodriguez, 1987). T. putrescentiae é uma praga importante de muitos produtos armazenados (Solomon, 1946; Hughes, 1976; Griffiths et al., 1976; Tjying, 1971; Tseng, 1979; Callani e Mazzini, 1984; Rao, 1985), matéria vegetal e animal em decomposição (Robertson, 1959; 1961; Krezeckowski, 1961; Fleurat-Lessard, 1974). Davis (1944), Sheals (1956) e Rani et al. (2007) registaram-no no solo. Baker e Wharton (1952) indicaram que a espécie pode transmitir certas doenças de plantas no campo. Lal et al. (1973) registaram-na em ovos e pupas da traça do lírio, Polytera gloriosa. T. putrescentiae foi relatado como o ácaro mais prevalente na alimentação animal em Queensland, Austrália (Champ, 1966; Nayak, 2006). É uma praga importante do trigo, leguminosas, painço, amendoim, queijo, cogumelos e outros produtos armazenados com elevado teor de gordura ou proteínas, sendo vulgarmente designado por ácaro do bolor. Também é registado em alimentos mistos, levedura de cerveja, farinha de trigo integral, farinha de soja, gérmen de trigo, queijo, pão de centeio, pão branco e misturas de aveia e cevada (Braude et al., 1980). Outros alimentos conhecidos incluem cogumelos cultivados, várias sementes, frutos, grãos e pilhas de palha no campo, matéria animal e vegetal em decomposição, cebola, colza, bacon, figos, leite seco, queijo, fiambre, bananas secas e copra (Arnau e Guerrero, 1994; Palyvos et al., 2002;

Athanassiou et al., 2003; 2005; Stejskal et al., 2003; Chhillar et *al.*, 2007; Hubert et al., 2009; Stara et al., 2011).

Num estudo realizado no Reino Unido, 21% de 571 amostras estavam infestadas com ácaros armazenados, o que aumentou para 38% após seis meses de armazenamento em casas de voluntários. Foram registados ácaros em 72% dos armazéns agrícolas, 81% dos armazéns comerciais de cereais, 89% dos moinhos de ração animal e 89% dos armazéns de colza (Wildey et al., 1998), enquanto uma inspeção efectuada por Olsen (1983) nos EUA registou 22 espécies de ácaros em 149 produtos importados. O aumento da percentagem de amostras contaminadas após o armazenamento sugere que o ambiente doméstico é um fator importante no desenvolvimento da infestação.

2.3 Suscetibilidade/preferência de grãos/produtos alimentares

Os ácaros não podem penetrar nos grãos se o revestimento do grão estiver intacto, mas durante a armazenagem, os grãos são sujeitos a escarificação, o que facilita a penetração dos ácaros. Solomon (1946) demonstrou que os ácaros tiroglifídeos eram capazes de destruir completamente o gérmen, mas consumiam muito pouco do restante. Este facto indica que os ácaros preferem a parte germinal dos grãos. Zdarkova e Reska (1976) observaram que, numa quantidade limitada de substrato, o consumo médio de um indivíduo era indiretamente proporcional ao número de indivíduos da população. Verificou-se também que os ácaros são geralmente abundantes na forma de farinha dos grãos armazenados e que nos grãos inteiros e partidos se desenvolve uma população comparativamente menor (Yadav, 1989; Kohli e Mathur, 1994). Mas quando a população se estabelece nos grãos inteiros, contamina-os com os seus excrementos, dá-lhes um odor pungente (Mlodecki, 1958; 1960) e transforma-os numa massa pulverulenta (Yadav, 1989; Singh, 1990).

Dos sessenta e um alimentos testados, Krejeckowski (1961) relatou que T. putrescentiae preferia cogumelos secos, gérmen de trigo, queijo amarelo, biscoitos, sementes de cânhamo descascadas, frutos de pimenta e folhas secas de algumas plantas medicinais em relação aos outros. T. putrescentiae, A. siro, Carpoglyphus berlesei e L. krameri preferem cereais, mas o pão foi considerado o mais preferido (Radinovsky e Krantz, 1961). No entanto, verificou-se que uma dieta contendo p-hidroxibenzoato de metilo era a melhor para T. putrescentiae (Bot e Meyer, 1969). Foi também referido que os sais inorgânicos afectam o desenvolvimento de ácaros em grãos armazenados (Ignatowicz, 1981). No trigo, o ácaro completou o seu ciclo de vida em 8-10 dias a 25°C e 75% de humidade relativa. Uma atração sinérgica dos componentes do queijo para o ácaro do queijo, T. putrescentiae, foi observada por Yoshizawa et al. (1971). Mas não houve relação entre a adequação do alimento e a sua atratividade para T. putrescentiae, A. siro, C. lactis (Pankiewicz-Nowicka e Boczek, 1984; Pankiewicz-Nowicka et al., 1982; 1984). Lal et al. (1984) referiram que alguns produtos alimentares de baixa aptidão para o desenvolvimento eram atractivos para os ácaros. Anteriormente, Boczek (1980) não encontrou qualquer relação entre o alimento para o desenvolvimento dos ácaros e a sua atratividade, mas Singh (1990) encontrou uma relação positiva entre estes dois parâmetros no que diz respeito ao trigo e ao milheto contra Suidasia nesbitti. Estudos olfactivos sobre T. putrescentiae mostraram que o extrato aquoso de Cajanus cajani era mais atrativo para os ácaros do que o extrato de acetato de etilo. Os machos demoraram menos tempo a mostrar resposta olfactiva do que as fêmeas (Gulati e Mathur, 1998).

Os ácaros distribuíram-se geralmente em todas as direcções quando foram expostos a dois alimentos diferentes. Mas em 48 horas, T. putrescentiae podia selecionar o mais adequado dos dois substratos oferecidos (Zdarkova, 1974). Zdarkova (1971) testou diferentes materiais, nomeadamente queijo de pasta mole, queijo azul, tâmaras, soluções de ácido lático, cinamaldeído e anisaldeído, que tinham um odor distinto. Observou-se que T. putrescentiae preferia o queijo em comparação com as tâmaras. A levedura seca em pó foi a melhor para C. berlesei, que mostrou um bom efeito de promoção do crescimento (Maurya et al., 1983), enquanto que o desenvolvimento máximo de A. siro foi observado no queijo cheddar e o mais pobre na cultura esterilizada do bolor, R. versucosum (Peace, 1983). Singh (1985) expôs o ácaro S. nesbitti a diferentes fracções do alimento, nomeadamente, gérmen de trigo, resíduo + sacarose + amido, resíduo + amido, resíduo + sacarose e apenas resíduo, e verificou que o tempo necessário para o desenvolvimento da fase larvar até à fase adulta era mais curto, juntamente com o número máximo de ovos em gérmen de trigo, indicando assim que a parte germinal da semente era a mais adequada para o seu desenvolvimento. Yoshizawa et al. (1972) e Vanhaelen et al. (1980) relacionaram a atratividade dos produtos alimentares com a presença de alguns compostos voláteis que estão presentes nos produtos alimentares em diferentes proporções. Os níveis destes componentes são os factores determinantes para a atração de diferentes produtos alimentares. Anita (2010) verificou que os flocos de aveia são mais susceptíveis à infestação por T. putrescentiae do que os cereais integrais.

Ocorreu uma resistência natural ao alimento quando três variedades de grãos de café verde, cacau e três tipos de leguminosas (ervilha, feijão e lentilhas) foram dadas a T. putrescentiae e A. siro. Recentemente, o efeito do grão de trigo enriquecido com farinha de feijão (0,01%) mostrou que reduziu em 50% o crescimento da população de A. siro L., C. redickorzevi, L. destructor e T. putrescentiae em comparação com a população de controlo (Hubert et al., 2007).

2.4 Influência dos factores abióticos no comportamento dos ácaros

Os comportamentos de alimentação e reprodução também dependem da temperatura e da humidade. Kevan e Sharma (1963) verificaram que, a baixas temperaturas, o acasalamento era atrasado e prolongado e não ocorria a 0^0 C. Segundo Cunnington (1969; 1985), a 20°C e 80 por cento de HR, o acasalamento e a oviposição ocorreram logo após a emergência, mas a postura de ovos foi atrasada a baixas temperaturas em T. putrescentiae (1969) e A. siro (1985). T. putrescentiae, um ácaro fotonegativo, mostrou que, com o aumento da exposição à luz, a fecundidade e a viabilidade dos ovos foram significativamente reduzidas e o período de eclosão e o ciclo de vida foram significativamente prolongados (Kohli e Mathur, 1993). Zdarkova e Voracek (1993) também relataram o efeito de factores físicos na sobrevivência de ácaros em grãos armazenados.

Noutras espécies de ácaros, há uma série de condições ambientais externas e internas que desencadeiam a dispersão. Verificou-se que o movimento de Tetranychus urticae é afetado pelo habitat, fonte de alimento, níveis de humidade e níveis de luz (Hussey e Parr, 1963). Outros factores que afectam a dispersão destes ácaros incluem o vento e a temperatura (Coop e Croft, 1995). Os factores que afectam a dispersão de Neoseiulus californicus incluem a temperatura, a disponibilidade de presas (relação predador/presa), a intensidade da luz, a humidade relativa (HR) e o estado da folhagem (túrgida versus murcha) (Auger et al., 1999). A dispersão foi reduzida a temperaturas mais baixas (15°C) e aumentou a temperaturas médias e altas (25-35°C). À medida que a densidade das presas diminuía, a dispersão aumentava, pois os ácaros procuravam novas fontes de alimento ou arriscavam-se a morrer de fome (Auger et al., 1999).

2.5 Danos quantitativos causados por Tyrophagus putrescentiae

A suscetibilidade dos grãos alimentares ao ataque dos ácaros depende da temperatura óptima, da humidade elevada, da suavidade e do elevado valor nutritivo dos grãos alimentares. Estes factores, juntamente com uma armazenagem inadequada, favorecem o ataque dos ácaros. As perdas agravam-se devido ao aumento da densidade dos ácaros. A acumulação de parasitas em certas secções da massa de grãos contribui para um aumento da temperatura e da humidade e pode levar a um processo de auto-aquecimento. Rathbone (1919) e Voloschuk (1936) consideraram que a presença de ácaros pode dar início a um aquecimento grave dos grãos armazenados. Este aquecimento é um processo auto-gerador que acelera certas alterações químicas. Kumud (1987) referiu a formação de pontos quentes em grãos armazenados devido a interacções entre ácaros, insectos e fungos. A formação de pontos quentes é a deterioração qualitativa completa dos grãos.

Os ácaros alimentam-se preferencialmente do gérmen e destroem o seu conteúdo; os ácaros consomem também as outras partes do grão, mas em menor quantidade. Os flocos de gérmen de trigo são consumidos mais rapidamente do que o próprio grão em caso de infestação óptima (Soloman, 1946). Os ácaros compensam o seu pequeno tamanho causando danos significativos aos produtos armazenados através de explosões populacionais quando o ambiente de armazenamento é quente e húmido. Os ácaros foram associados a danos físicos nos alimentos armazenados (Zdarkova e Reska, 1976). Em condições óptimas de 30°C e 75% de humidade relativa, os ácaros multiplicam-se 500 vezes por mês (Hughes, 1976; Haines, 1991; Leong e Ho, 1995). Os surtos de ácaros, para além de causarem danos graves aos produtos armazenados (Rajendran, 1994; Kleih e Pike, 1995), emitem um cheiro húmido e pungente (Nayak, 2006). Os mercados internacionais rejeitam produtos de base infestados de ácaros e as perdas económicas variam consoante a situação. Se for detectada uma infestação num carregamento de exportação de trigo australiano, o exportador tem um custo aproximado de AU$ 1,2 a 1,8 milhões, dependendo do nível de infestação (Abare, 2000). Os ácaros são pragas importantes do trigo durante o seu armazenamento e responsáveis por perdas qualitativas e quantitativas (Mahmood et al., 2011). Foi registada uma perda de peso devido à população de T. putrescentiae em grãos de aveia (2,2 %) (Anita et al., 2013) e uma diminuição acentuada do peso de mil grãos de milho (Farhan et al., 2013) e trigo (Bashir et al., 2013) devido aos ácaros Rhizoglyphus tritici.

2.6 Efeito da infestação de ácaros na composição bioquímica dos grãos

A infestação de produtos alimentares armazenados por ácaros e outros artrópodes está normalmente associada a três tipos de danos (Stejskal, 2001). Em primeiro lugar, os ácaros de armazenagem põem diretamente em perigo a saúde humana devido à contaminação alergénica dos alimentos (Olsson e Hage-Hamsten, 2000; Arlian, 2002; Spiegel et al., 1995; Castillo et al., 1995; Scala, 1995; Matsumoto et al., 1996). Em segundo lugar, os ácaros são vectores de fungos toxicogénicos (Hubert et al., 2003), contribuindo assim indiretamente para a contaminação dos alimentos para consumo humano e animal com micotoxinas (Griffiths et al., 1959; Aucamp, 1969; Armitage e George, 1986; Franzolin et al., 1999; Hubert et al., 2004). Em terceiro lugar, os ácaros causam perdas significativas de peso dos grãos e diminuição da germinabilidade (Rodionov, 1940; Solomon, 1946; Zdarkova e Reska, 1976).

White et al. (1979) registaram valores significativamente mais baixos de acidez gorda no trigo infestado com Lepidoglyphus destructor, Acarus farris e Aeroglyphus robustus. O efeito da infestação por ácaros na redução do valor nutritivo dos alimentos para animais foi referido por Braude et al. (1980). A fibra bruta, a fibra detergente neutra, a acidez da gordura livre, o azoto não proteico e o ácido úrico aumentam significativamente durante a armazenagem (Hira et al., 1988). A dependência do desenvolvimento e crescimento dos ácaros em relação à qualidade dos alimentos foi também referida por Mathur e Dalal (1989). Observaram que, quando estes ácaros eram criados em gérmen de trigo, completavam o seu ciclo de vida no período mais curto (9,68 dias), mas quando eram criados em resíduos desprovidos de sacarose e amido, o ciclo de vida era consideravelmente prolongado. Para além da perda qualitativa de proteínas, as pragas dos cereais armazenados, incluindo os ácaros, provocam a desnaturação das proteínas, diminuindo assim a sua solubilidade (Pingale, 1954; Subramanyam, 1954). Venkat Rao et al. (1960) e Swaminathan (1977) chegaram a conclusões semelhantes. As perdas no teor de proteínas aumentam com o aumento da população de ácaros nos grãos armazenados, uma tendência observada por Khare e Pant (1978), Singh (1990) e Singh e Gulati (2001) no trigo e nas leguminosas. No entanto, a níveis muito elevados de infestação (2000 e 2500 ácaros/ 10 g de grão), observou-se um aumento do teor de proteínas no trigo, no milheto e no grão-de-bico (Singh, 1990). A alimentação de algumas espécies de ácaros altera a qualidade nutricional dos grãos e de outros géneros alimentícios; os ácaros atacam frequentemente o gérmen dos grãos. A farinha de cereais danificados por ácaros pode tornar-se azeda e ter uma cor fraca, e o pão feito com ela não cresce adequadamente (Anónimo, 1999). Sinha e Wallace (1966), Tabassum e Ahmed (1989) e White e Jayas (1993) referiram que os ácaros dos grãos armazenados provocam um aumento da humidade dos grãos armazenados devido ao seu teor de feaces, ao crescimento de fungos e a outro metabolismo. Anita (2010) registou uma perda no teor de açúcares solúveis totais, açúcares não redutores e amido, mas um aumento nos açúcares redutores. Mahmood et al. (2013) registaram uma diminuição do teor de amido após três meses de armazenamento com infestação de ácaros Rhizoglyphus tritici. A diminuição do teor de proteínas devido à infestação de ácaros também foi registada por vários trabalhadores (Bashir et al., 2013; Farhan et al., 2013; Mahmood et al., 2013).

2.7 Efeito da infestação de ácaros na germinação de grãos

Os ácaros alimentam-se do embrião, o que resulta na perda de germinação dos grãos (Zakhavatkin, 1941), juntamente com a deterioração da qualidade da semente e da farinha preparada a partir dos grãos infestados, o que também a torna imprópria para moagem e intragável para o gado (Wilkin e Stables, 1985). Muitos agricultores comerciais não têm consciência dos danos e perdas causados pelos ácaros dos grãos armazenados, principalmente devido ao seu tamanho diminuto (Palyvos e Emmanouel, 2006). Os danos directos dos ácaros nos grãos armazenados são causados pela contaminação e penetração nas sementes/embriões, pelo consumo do gérmen do grão e, em certa medida, do endosperma (Parkinson, 1990), o que, consequentemente, diminui a vitalidade e a capacidade de germinação das sementes. O grão torna-se inútil para semente (Zdarkova, 1996) ou para fins de fabrico de cerveja e inaceitável para o moleiro (Solomon, 1946). Além disso, os ácaros podem alimentar-se do gérmen dos grãos, reduzindo assim o teor de ferro e de vitaminas do complexo B e a capacidade de germinação (Krantz, 1955). Há vários relatórios que indicam que, devido à infestação de ácaros, há uma perda de peso e de germinação das sementes (Davey et al., 1959; Singh e Pandey, 1975; White et al., 1979; Yacout et al., 1988; Gulati et al., 1999). Singh (1990) registou 68,5 por cento de germinação em sementes de milho-miúdo após 24 semanas, em comparação com 92,85 por cento às 0 semanas, devido à infestação de Suidasia nesbitti. Foi ainda sugerido que a perda adicional na percentagem de germinação pode muito bem ter sido causada pelo aquecimento. Se houver um número suficiente de insectos, ácaros e fungos a crescer ativamente numa remessa de produtos armazenados para gerar calor mais rapidamente do que este pode escapar, a temperatura do produto aumenta e pode atingir 42^0 a 46^0 C. Esta temperatura elevada acelera o declínio fisiológico, provocando uma perda.

Mahmood et al. (2012) relataram que, à medida que a população de ácaros aumentou de 3,3 para 6,6 ácaros no milho durante um período de três meses, a germinação diminuiu de 86-91 para 74,67-81 por cento. Da mesma forma, no mung, com o aumento da população de ácaros de 2,3 para 5,3 ácaros, há uma diminuição na germinação de 85,8-91,8 para 75,3 - 85,3 por cento durante o período de três meses

2.8 Tyrophagus putrescentiae: um vetor de fungos armazenados

T. putrescentiae é um importante vetor de dispersão de fungos infestantes em instalações de cultivo de cogumelos (Okabe et al., 2001). Esta espécie também se alimenta de diferentes fungos, incluindo Eutorium, Penicillium, Fusarium, Alternaria, Geotrichum, Mucor e Trichophyton (Sinha, 1964b; Czajkowska, 1970; Duek et al., 2001; Hubert et al., 2004). Os ácaros podem afetar os fungos através do pastoreio, e podem estar integralmente envolvidos na dominância de espécies fúngicas micotoxigénicas devido ao seu papel na dispersão de esporos fúngicos e também influenciaram o aumento da produção de aflatoxinas a partir do fungo (Franzolin et al., 1999; Hubert et al., 2003).

2.9 Potencial dos produtos químicos para a gestão de Tyrophagus putrescentiae

Foram avaliados vários protectores de grãos contra T. putrescentiae, que mostraram diferentes graus de eficácia (Hartmannova et al., 1973; Chmielewiski, 1987; Stables, 1980; Pagliarini e Hrlec, 1982). Várias espécies de ácaros, incluindo T. putrescentiae, T. longior, A. siro e G. destructor, também foram controladas por etrimfos e profenofos (Stables, 1980). Entre outros piretróides estudados, a fenotrina, a fenopropatrina e a permetrina demonstraram ser eficazes contra T. putrescentiae, mas a uma taxa muito elevada de 500 ppm (Chisaka et al., 1985). O tratamento da superfície do trigo (0,3 m superior) com 2 % de pó de etrimfos e pirimifosmetilo a uma taxa de 50 g/m^2 em armazéns comerciais arejados reduziu significativamente o número de A. siro e G. destructor (10/kg em silos tratados em comparação com 1500/kg em silos não tratados) (Armitage et al., 1994). Noutro ensaio de campo, infestações mistas de A. siro, G. destructor e T. longior em cevada armazenada na exploração foram controladas durante 3 meses com a aplicação de lindano (2 ppm) mais malatião (8,9 ppm) ou pó de pirimifosmetilo (4 ppm) (Wilkin, 1975). Nayak (2006) avaliou sete produtos químicos, incluindo clorpirifos-metilo (10 ppm), pirimifos-metilo (4 ppm), fenitrotião (12 ppm), deltametrina (5 ppm), piretrina mais pb (4,5 ppm), s-metopreno (3 ppm) e spinosade (1 ppm). Entre estes, apenas a piretrina mais pb, o s-metopreno e o spinosade controlaram a população de ácaros após pelo menos 3 semanas de exposição ao trigo tratado.

2.10 Potencial dos produtos botânicos para a gestão dos ácaros

A utilização de agentes químicos para prevenir ou controlar as infestações de insectos e ácaros tem sido o principal método de proteção dos cereais, uma vez que é o meio mais simples e mais rentável de combater as pragas dos produtos armazenados (Hidalgo et al., 1998). No entanto, os insecticidas têm sérios inconvenientes, como o ressurgimento e a resistência das pragas, os efeitos letais em organismos não visados, o risco de contaminação dos utilizadores, os resíduos alimentares e a poluição ambiental (Tapondjou et al., 2002). Além disso, as precauções necessárias para trabalhar com insecticidas químicos tradicionais (Fields et al., 2001) e as deficientes instalações de armazenamento dos agricultores tradicionais nos países em desenvolvimento, que não são adequadas para um controlo químico convencional eficaz (Tapondjou et al., 2002), sublinham a necessidade de métodos novos e eficazes para o controlo dos insectos dos produtos armazenados. As plantas superiores são uma fonte rica de novos insecticidas (Dev e Koul, 1997; Belmain et al., 2001). Vários produtos botânicos, como Chrysanthemum sp. e Azadirachta indica, foram avaliados contra pragas armazenadas, que se afirma poderem substituir os pesticidas não funcionais na proteção dos cereais (Arthur, 1996; Kim et al., 2003; Collins, 2006).

No entanto, muitas outras espécies de plantas, especialmente de regiões tropicais, têm potencial para serem utilizadas como inseticida botânico (Saxena et al., 1992; Quignard et al., 2003; Shaalan et al., 2005).

Foi observado um tratamento eficaz com folhas de Eucalyptus globulus, Schinese molle, Datura stramonium, Phytolacca dodecandra e Lycopersicum esculentum, causando uma elevada mortalidade de adultos do gorgulho S. zeamais (Firdissa e Abraham, 1999). Mirnov (1940), Subramanian (1942), Dixit et al. (1956) e Paul et al. (1965) relataram que o extrato de sweet flag (Acarus calamus) era tóxico para Sitophilus oryzae, Tribolium castaneum, Heterotermes indicola e também para vários outros insectos-praga de produtos armazenados e também para seres humanos. Ignatowicz e Wesolowska (1996) e Paneru et al. (1997) observaram a eficácia tóxica e repelente de pós preparados a partir de rizomas de Sweet Flag. Os óleos extraídos de oito citrinos diferentes foram eficazes contra Callosobruchus maculatus, uma vez que a emergência foi baixa mesmo após 3,2 dias após o tratamento (Su et al., 1972). Um papel protetor semelhante da casca de laranja contra os adultos de C. maculatus que infestam o feijão-frade foi demonstrado por Taylor (1977). O pó das cascas de laranja e de uva é tóxico para Dermestes maculatus e suprime o desenvolvimento da progenitura (Don Pedro, 1985). Taylor e Vickery (1974) e Alford et al. (1987) estabeleceram os constituintes insecticidas dos óleos de citrinos utilizados para o controlo de insectos pragas de produtos armazenados. Kashyap et al. (1974) controlaram com sucesso Sitophilus oryzae com pó de podina eat como protetor a 0,5, 1 e 2 por cento em trigo (w/w). Mishra et al. (1981; 1984) referiram que, embora o pó e o óleo de mentha fossem tóxicos para os escaravelhos adultos que infestam o grão-de-bico, não se observou uma redução significativa na postura de ovos. Potts e Rodriguez (1978) mostraram o efeito inibitório do óleo de especiarias quando introduzido como adição a uma dieta de caseína e gérmen de trigo no crescimento e desenvolvimento de T. putrescentiae.

Existem vários relatórios sobre a eficácia dos óleos vegetais nas populações de insectos pragas. Pandey e Pandey (1978) conseguiram proteger eficazmente a grama verde e a grama preta com óleos de coco, mostarda, colza, amendoim, sésamo, rícino e girassol contra o escaravelho das leguminosas, sem afetar a viabilidade e a palatabilidade das sementes tratadas. Estes óleos afectaram negativamente a oviposição e a eclodibilidade dos ovos do escaravelho. Messina e Renwick (1983) afirmaram que os óleos vegetais e minerais causaram uma elevada mortalidade de ovos e larvas de Callosobruchus maculatus quando misturados com feijão-frade a um nível de 0,5 por cento, mas não tiveram qualquer efeito sobre os indivíduos que entraram com sucesso nas sementes. Isto indicou que a propriedade protetora era de natureza física e não química. Euclayptus na forma de vapor de óleo reduz fortemente a fecundidade, a eclodibilidade dos ovos e aumenta a mortalidade das larvas neonatas de Acanthoseelides obtectus (Stamopoulous, 1991). Doharey et al. (1985) encontraram uma germinação mais elevada logo após o tratamento de sementes de grama verde com diferentes óleos comestíveis a 0,1 por cento do que a 1 por cento de bílis, não tendo sido observada qualquer diferença significativa 2 ou 3 meses após os tratamentos. A eficácia e a persistência do óleo de amendoim foram estudadas por Singh et al. (1978) contra Callosobruchus maculatus. As sementes de feijão-frade foram protegidas mesmo até 6 meses após o tratamento com óleo de amendoim numa concentração de 8 ml. Não se observou qualquer efeito no tempo de cozedura ou no sabor, nem na germinação. Haque (1987) estudou a eficácia e a persistência de dez produtos vegetais a níveis de 0,5 e 1 por cento (w/w). A podina, o pó de folhas de citrinos e o pó de alho perderam a sua eficácia no prazo de 7 e 180 dias do período de armazenamento. O óleo de amendoim tem, de forma consistente, a maior eficácia e persistência para proteger o feijão-guandu do ataque de C. maculatus até 9 meses de armazenamento, seguido de mostarda, colza, óleos de soja e pó de semente de nim.

As plantas aromáticas, comuns como ervas culinárias e especiarias, têm sido frequentemente consideradas eficazes no controlo de insectos de armazenagem de cereais. Verificou-se que os extractos de acetona de maça e noz-moscada (Myristica fragrans) são moderadamente tóxicos para o contacto e fortemente repelentes para S. oryzae, com reduções significativas na geração F1 observadas até 23 semanas após um tratamento de 200 ppm (Su, 1989a), embora C. maculatus, Lasioderma serricorne e T. confusum tenham sido menos afectados. Efeitos semelhantes foram observados por Su (1986, 1989b) com extractos de sementes e óleos de coentros (Coriandrum sativum) e aneto (Anethum graveolens).

A atividade inseticida do extrato de óleo de louro (Laurus nobilis) e do pó moído de alecrim (Rosmarinus officinalis) contra S. granarius no trigo, em condições de armazém, foi constatada por Kalinovic et al. (1997). Os óleos essenciais de anis estrelado e de um citrino utilizados para tratar sacos de juta a 0,45 mg/cm^2 protegeram o trigo até quatro meses (Xu et al., 1993). Verificou-se que o óleo de Labiatae é um fumigante de sementes altamente eficaz, com 94 a 100% de mortalidade obtida após sete dias para T. castaneum, S. oryzae, R. dominica e Oryzaephilus surinamensis (Shaaya et al., 1997). Ho et al. (1997) determinaram que, para sementes tratadas com óleo destilado a vapor de alho fresco (Allium sativum), os ovos de T. castaneum e S. zeamais não conseguiram produzir descendência F1 em concentrações de aplicação superiores a 2 000 ppm no arroz e superiores a 5 000 ppm no trigo, respetivamente. Os extractos de Cissampelos pareira (Menispermaceae) e Erythrophleum suaveolens (Leguminosae) foram muito eficazes e mais promissores do que os extractos de neem (A. indica) contra S. oryzae no trigo (Niber et al., 1992). As pastas ou pós de 1% de Ricinus communis (Euphorbiaceae) e Solanum nigra (Solanaceae) foram os materiais brutos mais tóxicos para as três espécies de pragas (Niber, 1994).

A semente de nim esmagada a 1-2 por cento (w/w) foi usada como protetor em mung, grama de bengala, feijão-frade e ervilha contra Callosobruchus maculatus por Jotwani e Sircar (1967). Este tratamento protegeu satisfatoriamente as suas sementes do ataque de insectos durante 237, 236, 288 e 282 dias, respetivamente, sem qualquer efeito sobre a germinação, o sabor e o cheiro dos materiais cozinhados. Da mesma forma, Jilani e Malik (1973) descobriram que o extrato de semente de nim tinha mais repelência do que o extrato de folha e flor contra T. castaneum e Trogoderma granarium. Os adultos do primeiro inseto não conseguiram reproduzir-se quando alimentados com a nossa comida tratada com extrato de sementes de nim. Numa tentativa de ver a eficácia das plantas de nim, Jilani e Malik (1973) e Gulati e Mathur (1995) observaram que o pó de semente de nim actua como um anti-alimentar contra várias pragas de armazenamento, particularmente para alimentadores externos, enquanto que não teve qualquer efeito significativo nos alimentadores internos.

Verificou-se que um por cento de óleo de nim é suficiente para proteger a grama verde do escaravelho da leguminosa durante 10 meses (Jayaraj, 1976). O pó da semente de nim também pode proteger eficazmente os grãos de arroz contra o ataque de Trogoderma granarium. (Saradamma et al., 1977). 0,5 e 1 g de pó de semente de nim por 20 g de milho proporcionaram uma boa proteção do milho durante seis meses contra Sitophilus oryzae (Ivbijaro, 1983). Este tratamento retardou a taxa de oviposição e parou o desenvolvimento pós-embrionário. Não se registou desenvolvimento de fungos, encolhimento de sementes ou efeito na viabilidade das sementes. Contudo, de acordo com Makanjuola (1989), a eficácia do neem é afetada por diferenças nos comportamentos dos insectos. Os extractos de sementes foram mais eficazes do que os extractos de folhas. A azadiractina, um fitoquímico isolado da amargoseira, é mais eficaz do que os extractos de sementes e folhas, as doses baixas de AZA suprimiram a ecdise dos adultos e as doses elevadas também impediram a apólise e a secreção da cutícula dos adultos (Pascual, 1990). A azadiractina do neem, Azadirachta indica A. Juss, prolongou o tempo de desenvolvimento do ácaro dos produtos armazenados Tyrophagus putrescentiae (Schrank) (Sanchez-Ramos e Castanera, 2003).

O Acarus siro L. é sensível ao inibidor da amilase de origem bacteriana acarbose, que reduziu o crescimento da população de ácaros após aplicação na dieta em experiências laboratoriais (Hubert et al., 2005). As plantas superiores são conhecidas como uma fonte importante de produtos químicos novos e alternativos. O desenvolvimento de ácaros-aranha (Acari: Tetranychidae) foi suprimido após a aplicação de compostos do botão vermelho, Stellera chamaejasme L., e da erva-doce, Chenopodium ambrosioides L. (Chiasson et al., 2001, Macchioni et al., 2002).

Sanchez-Ramos e Castanera (2001) testaram 13 monoterpenos naturais contra T. putrescentiae e concluíram que, destes, a pulegona, a mentona, o linalol e a fenchona tinham uma elevada atividade acaricida, produzindo valores LC90 de 14 JLLI/1 ou inferiores. Lee et *al.* (2006) estudaram a atividade acaricida (aplicação por contacto direto) de 12 extractos de óleo de sementes de funcho contra *T. putrescentiae* e concluíram que o naftaleno (4,28 lg/cm^2) e a carvona (4,62 lg/cm^2) eram os mais tóxicos.

Kim (2002) estudou a atividade acaricida de *Eugenia* sp. contra T. *putrescentiae* e concluiu que era eficaz. Lee *et al.* (2006) estudaram a atividade acaricida (aplicação por contacto direto) de 12 extractos de óleo de sementes de funcho contra *T. putrescentiae* e concluíram que o naftaleno (4,28 gg/cm^2) e a carvona (4,62 pg/cm^2) eram os mais tóxicos. Noutro estudo, os produtos à base de alho foram capazes de reduzir a população de *T. putrescentiae* e S. *nesbitti* em 96 a 100 por cento a uma concentração de 0,2 por cento (Gulati, 2007b). O óleo de alho foi o mais potente, seguido da oleorresina e do pó. Foi observada uma inibição completa destas duas pragas com concentrações de 0,5, 1 e 2% de óleo e pó de *curcuma*, embora tenham sido registados números negligenciáveis de ácaros em grãos tratados com oleorresina de *curcuma* (Gulati, 2007a). As observações sobre a sobrevivência de diferentes fases dos ácaros mostraram um efeito inibidor mais pronunciado nos ovos e nas larvas do que nas ninfas e nos adultos. As propriedades insecticidas dos óleos essenciais de *Ocimum gratissimum* L. (Lamiaceae) contra os adultos de *Tribolium castaneum* mostraram que não tinham qualquer efeito de contacto ou de ingestão sobre os adultos; a sua atividade inseticida é caracterizada principalmente pela inibição da ninfose de larvas envelhecidas da mesma espécie (Kouninki *et al.*, 2007). O extrato de *G. glabra* e *O. sanctum* mostrou efeitos pronunciados sobre a população do ácaro. Proporcionou 71,5 a 94,7 e 66 a 92% de proteção relativa contra *T. putrescentiae* em diferentes durações (Anita *et al.*, 2014).

CAPÍTULO 3

MATERIAL E MÉTODOS

O presente estudo, intitulado "Perdas quantitativas e qualitativas devidas a *Tyrophagus putrescentiae* Schrank (Acari: Acaridae) no trigo e sua gestão", foi realizado em três fases. A primeira fase abrangeu a avaliação quantitativa dos níveis de infestação de ácaros em grãos/farinha de trigo armazenados e a segunda fase abrangeu as perdas qualitativas em grãos/farinha armazenados devidas à infestação por *T. putrescentiae*. *A* eficácia de alguns produtos botânicos contra *T. putrescentiae* em grãos armazenados foi avaliada no âmbito do terceiro objetivo. Todas as experiências foram conduzidas a 27 ± 1^0 C e 80-85% RH numa incubadora BOD. A humidade relativa foi mantida colocando uma solução super saturada de cloreto de potássio nos exsicadores e colocando-os nas incubadoras BOD. A metodologia adoptada para as diferentes experiências em condições laboratoriais e de campo é discutida resumidamente a seguir.

3.1 Criação de ácaros

O ácaro *T. putrescentiae* foi criado em placas de Petri de plástico (5 cm de diâmetro) com uma tampa bem ajustada (placa I). Nas placas de Petri, foi criado um orifício central na tampa, que foi coberto com um pano de seda de malha fina para manter a circulação de ar e a humidade. As culturas de ácaros foram mantidas em farinha de trigo e levedura na proporção de 4:1. Estas gaiolas de criação foram colocadas num dessecador (placa II) contendo uma solução super saturada de cloreto de potássio para proporcionar a humidade desejada que, por sua vez, foi colocada em BOD. Assim, a cultura de reserva de *T. putrescentiae* foi mantida em laboratório a 27 ± 1^0 C e 80-85% HR. Os pares copulantes foram retirados da cultura e libertados em arenas de observação para várias experiências.

3.2 Extração de ácaros

Para extrair os ácaros de amostras de grãos infestados, foi utilizado um dispositivo modificado (placa III) baseado na extração por funil de Berlese (Tullgren, 1918). Cada amostra foi espalhada individualmente numa peneira metálica de 20 mesh mantida num funil de vidro. A ponta do funil foi mergulhada num frasco de vidro cheio de água destilada. Por cima do funil, acendeu-se uma lâmpada de 40W. Como os ácaros têm um comportamento fotonegativo, afastam-se da luz e são recolhidos no frasco com água destilada.

3.3 Contagem de ácaros

Os ácaros, sendo moles e de tamanho microscópico, não podem ser manuseados com agulha. Estes foram apanhados com a ajuda de uma picareta feita de penas de aves (placa IV) sob um microscópio binocular estéreo. A contagem dos ácaros foi efectuada numa placa de contagem em Perspex com quadrados de 1 cm (placa V). Deitar água destilada com ácaros na placa de contagem. A placa de contagem foi colocada sob o microscópio estereoscópico e os ácaros em cada quadrado foram contados com uma ampliação de 10X.

3.4 Conservação e montagem

Alguns espécimes de ácaros foram conservados em álcool a 70 por cento, enquanto outros foram montados em meio de Hoyer. O meio de Hoyer foi preparado misturando 50 ml de água destilada, 30 g de goma arábica, 200 g de hidrato de cloral e 20 g de glicerol, pela mesma ordem. No centro da lâmina de vidro, foi mantida uma gota de meio de Hoyer, sobre a qual o ácaro foi colocado em posição dorsal ou ventral. Os apêndices foram cuidadosamente espalhados e a lâmina foi aquecida suavemente antes de colocar a lamela. Deixou-se secar as lâminas durante 24 h. Após secagem adequada, aplicou-se esmalte de unhas em todos os lados da lamela, a fim de preservar a amostra para estudos posteriores. As lâminas foram devidamente etiquetadas com dados sobre a origem e o nome do coletor no lado esquerdo e com a identificação completa no lado direito.

3.5 Impacto da infestação por T. putrescentiae em grãos de trigo e farinha armazenados

Foram efectuadas experiências separadas com grãos e farinha de trigo como fonte de alimento para T.

putrescentiae. Com este objetivo, as experiências foram realizadas em seis conjuntos de diferentes durações, a saber, 30, 60, 90, 120, 150 e 180 dias. Em cada arena de observação, foram libertados 100 pares de T. putrescentiae /100 g de grãos ou farinha.

Cada experiência foi repetida cinco vezes. Os grãos não infestados serviram de controlo. Trinta dias após o início da experiência, foi retirado um conjunto (5 réplicas por conjunto e controlo). Os ácaros foram separados de cada réplica através do método do funil de Berlese modificado descrito no ponto 3.2 e contados ao microscópio estereoscópico numa placa de contagem quadrada.

O peso dos grãos/farinha e a perda de peso foram medidos com a ajuda de uma balança eletrónica, antes de utilizar os grãos/farinha para a estimativa qualitativa. De igual modo, foram registadas as observações durante 60, 90, 120, 150 e 180 dias após o início da experiência. O peso simultâneo das amostras de controlo também foi registado antes de se descartar o conjunto. A perda de peso corrigida foi medida deduzindo a perda de peso no controlo dos grãos/farinha infestados de ácaros. O peso dos grãos foi expresso em mg/100 g de grãos ou de farinha.

3.6 Estimativa das perdas qualitativas dos grãos e farinhas armazenados

Os grãos de trigo e a farinha com 100 pares de T. putrescentiae/100 g de grãos ou farinha foram analisados em relação a vários parâmetros bioquímicos. Os grãos/farinha não infestados serviram de controlo. A experiência foi conduzida em três conjuntos de diferentes durações, a saber, 30, 90 e 180 dias. Cada conjunto foi repetido três vezes. Antes do início da experiência (0 dia), foi efectuada uma estimativa qualitativa dos grãos/farinha de trigo. Trinta dias após o início da experiência, foi retirado um conjunto de grãos e de farinha infestados. Os ácaros foram separados de cada réplica através do método do funil de Berlese modificado. Após a separação, os ácaros foram contados ao microscópio estereoscópico numa placa de contagem quadrada. Também foram efectuados estudos semelhantes aos 90 e 180 dias. Em cada período, a estimativa qualitativa das proteínas (A.O.A.C, 1980), dos açúcares solúveis totais (Yemm e Willis, 1954), dos açúcares redutores (Nelson, 1944), dos açúcares não redutores e do amido (Clegg, 1956) foi efectuada de acordo com os procedimentos padrão.

Os grãos inteiros de trigo não infestados e infestados da primeira experiência, após 30, 90 e 180 dias, foram mantidos para o teste de germinação através de procedimentos padrão. A análise estatística foi feita através do método Fatorial CRD utilizando o software OPSTAT.

3.6.1 Efeito da infestação de ácaros na estimativa da proteína bruta

Os ácaros (100 pares) foram deixados a alimentar-se dos grãos de trigo e da farinha durante 0, 30, 90 e 180 dias, respetivamente, nas arenas de observação. Em cada período, foram colhidas amostras de réplicas para estimar o teor de proteínas. O teor de proteínas foi estimado pelo método Microkjeldahl (A.O.A.C., 1980). As perdas no teor de proteínas em diferentes durações foram avaliadas e comparadas com os controlos (grãos/farinha não infestados). Os grãos foram moídos para fazer farinha para estimativa, enquanto a farinha foi utilizada como tal.

A amostra de farinha (100 mg) foi pesada com exatidão e transferida para um balão de digestão de Kjeldahl de 300 ml. Adicionaram-se 10 ml de mistura catalisadora ($H2SO4$ e $HClO4$ na proporção de 9: 1). Aquecer o balão com precaução até à formação de espuma e, em seguida, deixar ferver em lume brando. O aquecimento foi continuado até se obter uma solução límpida, o que demorou cerca de 45 minutos. A solução tornou-se perfeitamente transparente e tinha uma cor verde azulada.

O conteúdo foi arrefecido, diluído e transferido para um balão volumétrico de 100 ml e o volume foi completado para 100 ml com água bidestilada. Transferiu-se uma alíquota adequada (5 ml) do digerido para um aparelho de destilação Parnaso Wagner. Adicionaram-se 10 ml de NaOH a 40 % para o tornar suficientemente alcalino e destilou-se com vapor. O amoníaco libertado foi retido em 5 ml de ácido bórico a 4 % e no indicador vermelho de metilo e verde de bromocresol. Recolheram-se cerca de 25 ml do destilado, que foi posteriormente titulado com $N/100$ $H2SO4$. Simultaneamente, foi efectuada uma experiência em branco sem amostra. O azoto calculado a partir dos ml de $N/100$ $H2SO4$ foi utilizado para converter o teor de proteínas através de um fator de conversão de 6,25.

3.6.2 Preparação da amostra para a estimativa de hidratos de carbono

Depois de alimentar os ácaros (100 pares) com os grãos e a farinha de trigo durante 0, 30, 90 e 180 dias, respetivamente, em conjuntos separados, o teor de hidratos de carbono foi determinado para verificar o consumo pelos ácaros em diferentes períodos, tendo os grãos/farinha não infestados servido de controlo para cada conjunto. Para a determinação dos açúcares solúveis em água totais, com exceção do amido, foi adotado o processo de extração de Cerning e Guilbot (1973). Num balão de fundo redondo, adicionou-se etanol (80%, 25 ml) a 100 mg de amostra. O balão foi ligado a um condensador e fervido em banho-maria durante 30 minutos, com agitação ocasional, arrefecido e transferido para um tubo de centrifugação, que foi centrifugado a 8 000 rpm durante 15 minutos e o sobrenadante recolhido num copo. A extração foi repetida duas vezes e foram feitas duas lavagens adicionais. A maior parte do álcool foi eliminada do extrato de açúcar a 50⁰ C num evaporador instantâneo e a solução aquosa assim obtida foi completada para um volume conhecido.

3.6.3 Estimativa dos açúcares solúveis totais

Os açúcares solúveis totais foram calculados segundo o método de Yemm e Willis (1954). Pipetaram-se 10 ml de reagente de antrona recentemente preparado (0,2% em H_2SO_4 a 70%) para um tubo de ensaio de pirex de paredes espessas (150 x 25 mm) e arrefeceu-se em água gelada. Colocou-se a solução de ensaio (1 ml) sobre o reagente ácido, arrefeceu-se durante 3-5 minutos e misturou-se bem, ainda imerso em água fria. O tubo foi fechado com uma rolha de borracha com um pequeno tubo capilar, aquecido num banho de água em ebulição vigorosa durante 10 minutos e imediatamente arrefecido em água gelada. A absorvância foi então lida num Spectronic-20 a 625 nm, em relação a um branco adequado.

3.6.4 Estimativa dos açúcares redutores

Os açúcares redutores foram estimados pelo método modificado de Somogyi (Nelson, 1944). Apresenta-se de seguida uma breve descrição do método:

Reagente de cobre A: Foi preparado dissolvendo 25 g de carbonato de sódio anidro, 25 g de tartarato de sódio e potássio, 20 g de bicarbonato de sódio e 200 g de sulfato de sódio anidro em cerca de 800 ml de água destilada e diluído até um litro.

Reagente de cobre B: Dissolver o sulfato de cobre (15 g) em 100 ml de água destilada com duas gotas de ácido clorídrico.

Os reagentes de cobre A e B foram misturados na proporção de 25: 1, antes da utilização.

Reagente de arsenomolibdato: Dissolver o molibdato de amónio (25 g) em 450 ml de água destilada. Nesta solução, adicionaram-se 21 ml de H_2SO_4, agitando. Em seguida, adicionaram-se 3 g de arseniato de sódio dissolvidos em 25 ml de água destilada, misturaram-se e a solução foi mantida numa incubadora a 37⁰ C durante 24 horas antes de ser utilizada. Este reagente foi armazenado num frasco castanho com rolha de vidro.

Procedimento: Colocou-se um ml de extrato num tubo de medição de açúcar no sangue graduado a 25 ml. Adicionou-se o reagente de cobre misturado (1 ml) e aqueceu-se durante 20 minutos num banho de água a ferver. Adicionou-se 1 ml de reagente de arsenomolibdato, misturou-se bem e diluiu-se para 25 ml. Aparece rapidamente uma cor azul estável, que é lida num Spectronic-20 a 520 nm em relação a um branco adequado.

3.6.5 Estimativa de açúcares não redutores

O teor de açúcares não redutores foi calculado a partir da diferença entre os açúcares totais e os açúcares redutores.

3.6.6 Estimação do amido

O amido do sedimento isento de açúcar foi calculado pelo método de Clegg (1956). A extração do amido foi efectuada à temperatura ambiente. Adicionaram-se 5 ml de água ao resíduo acima referido do material de ensaio, seguidos de 6,5 ml de $HClO_4$ a 52%, agitando. O conteúdo foi agitado durante 5 minutos e depois, ocasionalmente, durante os 15 minutos seguintes. Adicionaram-se então 20 ml de água e o conteúdo foi centrifugado. O sobrenadante foi vertido para um balão volumétrico de 100 ml. O resíduo foi novamente extraído e o extrato combinado foi completado até um volume conhecido. Em seguida, filtrou-se, rejeitando os primeiros 5 ml do filtrado. Utilizou-se uma alíquota adequada do extrato para a determinação da glucose utilizando o reagente de antrona, tal como descrito anteriormente. O amido foi calculado utilizando a fórmula:

Amido = Glucose x 0,9

A percentagem de perda/ganho foi calculada com a ajuda das seguintes fórmulas:

Perda percentual do teor de proteínas/carboidratos

$$\text{Per cent loss in protein/ carbohydrate content} = \frac{P/\ C\ in\ NIG - P/\ C\ in\ IG}{P/\ C\ in\ NIG} \times 100$$

$$\text{Per cent gain in reducing sugars} = \frac{P/\ C\ in\ IG - P/\ C\ in\ NIG}{P/\ C\ in\ IG} \times 100$$

P/ C = Teor de proteínas/ hidratos de carbono, NIG = grãos não infestados, IF = grãos infestados

3.7 Perda de germinação devido à infestação de ácaros

Os ácaros (100 pares) foram libertados em pratos contendo 100 g de grãos de trigo. Após a extração dos ácaros, foram retiradas amostras em duplicado de cinco pratos durante 30, 90 e 180 dias, que foram submetidas a ensaios de germinação. A germinação dos grãos infestados foi comparada com a dos grãos não infestados, tomados como controlo (0 dia).

Amostra de trabalho

No ensaio de germinação, foram utilizadas 50 sementes por réplica. Para cada duração, foi utilizado um total de 150 sementes para calcular a germinação. As sementes foram colocadas suficientemente afastadas na cama de sementes para minimizar o efeito das sementes adjacentes no desenvolvimento das plântulas. As sementes foram germinadas entre duas camadas de papel de germinação (placa VI). Para o efeito, as sementes foram cobertas com uma camada adicional de papel. As toalhas de papel enroladas foram colocadas no interior dos germinadores de sementes, em posição vertical, a uma temperatura e humidade óptimas. A primeira contagem foi efectuada após quatro dias e a contagem final após oito dias. A percentagem de germinação é expressa em percentagem de plântulas normais e calculada para o número inteiro mais próximo. O comprimento da raiz e do rebento destas sementes germinadas de cada tratamento foi medido com a ajuda de uma régua após sete dias e expresso em cm. O comprimento total das plântulas foi calculado somando o comprimento da raiz e do rebento de cada semente e expresso em cm. O índice de vigor foi calculado multiplicando a germinação pelo comprimento da plântula.

3.8 Avaliação da eficácia de alguns produtos botânicos contra *Tyrophagus putrescentiae*

Três produtos botânicos, Ashwagandha (Withania somnifera L.), Karanj (Pongamia pinnata (L.) Pierre) e Neem (Azadirachta indica L.) foram seleccionados pela sua bioeficácia contra T. putrescentiae. Os pós das folhas destas plantas foram testados contra uma população mista de T. putrescentiae. A bioeficácia foi medida em termos da acumulação da população de ácaros afetada por alterações na concentração do produto botânico e na duração da exposição. Para a presente experiência, os pares copulatórios de ácaros foram colhidos das placas de criação de culturas de reserva com a ajuda de um apanhador de penas de aves.

3.8.1 Preparação do pó de folhas botânicas

Foram recolhidas folhas de Ashwagandha da área da Quinta de Plantas Medicinais e folhas de karanj e neem do Campus Universitário. As folhas dos produtos botânicos (100 g cada) foram devidamente limpas, lavadas e secas à sombra. Quando as folhas secaram, foram moídas num moinho para obter um pó fino. Cada pó foi mantido numa embalagem fechada sem humidade.

3.8.2 Eficácia de produtos botânicos contra *T. putrescentiae* em grãos armazenados

Para avaliar a eficácia do pó de folhas de W. somnifera contra T. putrescentiae, os grãos de trigo foram tratados com cinco dosagens, a saber, 0,5, 0,6, 0,7, 1 e 2 g de botânico/100g de grãos de trigo, numa base de peso por peso, em conjuntos separados através de mistura uniforme. Cada conjunto foi repetido três vezes. Em cada réplica, 100 pares de ácaros/100 g de grãos foram libertados separadamente. Para cada dosagem, foram preparados três conjuntos de três réplicas para 15, 30 e 45 dias de duração. Após quinze dias, o primeiro conjunto foi retirado dos exsicadores e os ácaros vivos foram contados em cada réplica com a ajuda de uma placa de contagem. Da mesma forma, o segundo e o terceiro conjunto foram retirados e o número de ácaros foi contado.

Em experiências idênticas, o efeito do tratamento com pó de folhas de P. pinnata e A. indica nas cinco dosagens acima mencionadas foi avaliado após 15, 30 e 45 dias de tratamento. Os grãos não infestados foram mantidos como controlo em três séries de 15, 30 e 45 dias de duração. Os ácaros que não mostraram qualquer movimento após a sondagem com o picador de penas de aves foram considerados mortos. No final das experiências, a percentagem de proteção (Gulati, 2007a; b) foi calculada para cada concentração e duração de armazenamento de ambos os extractos, a fim de se ter uma ideia da eficácia do extrato testado contra T. putrescentiae com a ajuda da seguinte fórmula

$$\text{Protection (\%)} = \frac{\text{Number of mites recovered in UG- Number of mites recovered in TG}}{\text{Number of mites recovered in UG}} \times 100$$

Onde, UG = Grão não tratado; TG : Grão tratado

3.9 Análise estatística

Foram utilizadas as ferramentas estatísticas padrão para a análise dos dados registados em diferentes experiências. Os pormenores dos métodos são apresentados a seguir:

Cálculo da diferença crítica (CD) através do método CRD

A Diferença Crítica (DC) foi calculada entre os tratamentos para ver o impacto da acumulação da população de T. putrescentiae na composição quantitativa e qualitativa dos grãos/farinha de trigo pelo método CRD simples e fatorial. A suscetibilidade comparativa dos grãos e da farinha de trigo a T. putrescentiae em diferentes períodos de observação também foi determinada com a ajuda de um desenho de dois factores completamente aleatório. Os dados relativos à avaliação do efeito dos produtos botânicos contra T. putrescentiae em condições in vitro também foram submetidos a dois factores de CRD. A CD foi calculada em cada caso e as médias dos tratamentos (concentrações) foram comparadas para verificar a diferença significativa entre os tratamentos e com o controlo em diferentes períodos de observação. A CD também foi utilizada para descobrir o produto botânico mais eficaz e a sua concentração.

Coeficiente de correlação -'r'

O coeficiente de correlação "r" foi calculado entre a população de T. putrescentiae e os parâmetros quantitativos e qualitativos. Trata-se de uma medida em que as variáveis diferem entre si e é definida por:

$$r = \frac{\sum (X - \overline{X})(Y - \overline{Y})}{\sqrt{\sum (X - \overline{X})^2} \sqrt{\sum (Y - \overline{Y})^2}}$$

A significância do coeficiente de correlação observado foi testada utilizando o teste "t".

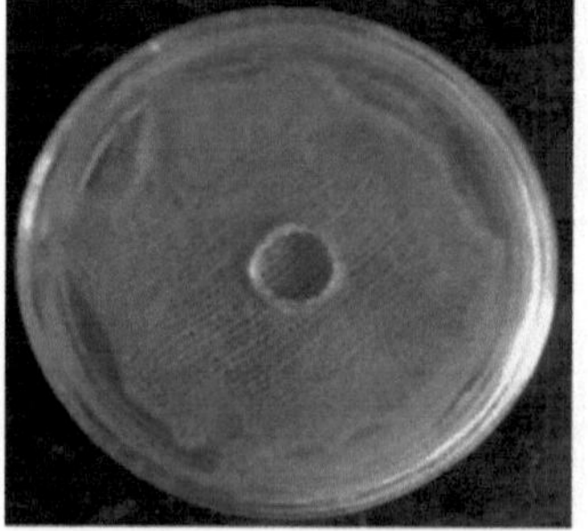

Placa I: Gaiola de criação/Arena de observação
Placa II: Exsicador com arenas

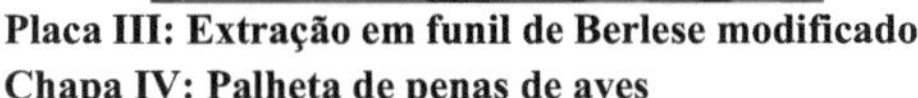

Placa III: Extração em funil de Berlese modificado
Chapa IV: Palheta de penas de aves

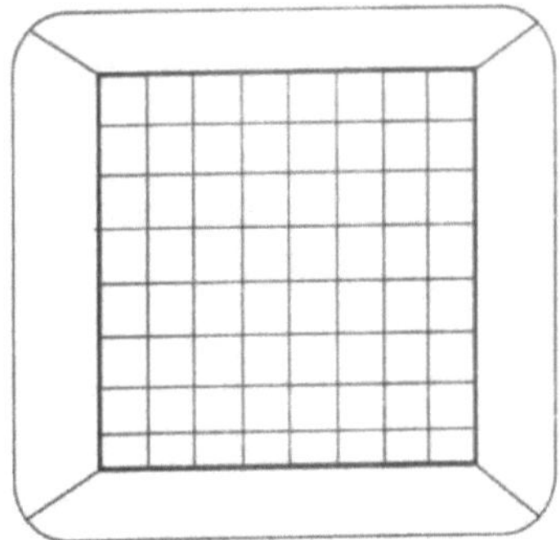
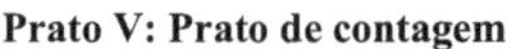
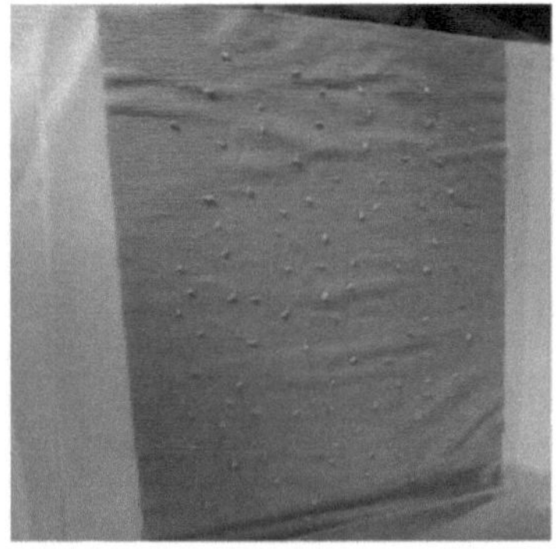

Prato V: Prato de contagem
Placa VI: Papel de germinação com sementes

CAPÍTULO 4

RESULTADOS

Os resultados do presente estudo, intitulado "Perdas quantitativas e qualitativas devidas a *Tyrophagus putrescentiae* Schrank (Acari: Acaridae) no trigo e sua gestão", são apresentados nas rubricas pertinentes do presente capítulo. Foram registados dados sobre a acumulação da população de *Tyrophagus putrescentiae* nos grãos e na farinha de trigo e foi aplicada uma análise estatística adequada para correlacionar as interacções ácaro/grão/farinha. O efeito da duração da infestação na acumulação da população de ácaros foi avaliado e apresentado no capítulo após a análise estatística dos dados. Foram também efectuadas estimativas quantitativas e qualitativas devido à infestação por *T. putrescentiae*. Três pós de plantas também foram avaliados contra *T. putrescentiae* durante a presente investigação. Os resultados são interpretados e apresentados com a ajuda de tabelas, figuras e fotografias.

4.1 Determinar o impacto de diferentes níveis de infestação de ácaros nos grãos de trigo armazenados

A presente experiência foi planeada para estudar a suscetibilidade dos grãos de trigo e da forma de farinha. A suscetibilidade foi vista em termos de acumulação de população de ácaros. Foram fornecidos 100 pares de *T. putrescentiae* (100 pares) a 100 g de grãos e de farinha em penta-replicados. As observações foram registadas após 30, 60, 90, 120, 150 e 180 dias do início da experiência. Em cada período de observação, os grãos e a farinha foram pesados após a extração da população de *T. putrescentiae*, para determinar o impacto dos níveis de infestação de ácaros no peso dos grãos e da farinha.

Inicialmente, foram experimentados sacos de polietileno perfurados com fecho hermético para a infestação de grãos. Devido à falta de humidade, os ensaios não foram bem sucedidos. Posteriormente, foram efectuados estudos em arenas de observação (Placa I) discutidas em Materiais e Métodos. Os resultados da suscetibilidade dos grãos e da farinha à infestação por *T. putrescentiae* em condições *in vitro* (27 ± 1^0 C, 80-85% HR) são apresentados nos Quadros 1-5 e ilustrados nas Figs.1-3 e nas Placas VII a XV.

4.1.1 Suscetibilidade dos grãos de trigo

Observações mensais sobre a população média de *T. putrescentiae* em grãos de trigo de cinco réplicas revelaram que o número de ácaros aumentou significativamente em cada período de observação (CD=30,29; p=0,05) (Tabela 1). Os resultados revelaram que a população móvel mais baixa (135,33 ácaros/100g de grãos) se desenvolveu nos grãos após 30 dias, com uma densidade de infestação inicial de 100 pares de ácaros. Depois disso, aumentou gradualmente para 268 ácaros/100g de grãos aos 60 dias, seguidos de 414,33, 698,33 e 965,33 após 90, 120 e 150 dias com 100 pares de ácaros como inóculo inicial. A acumulação máxima de população (1377,66 ácaros/100g de grão) foi registada aos 180 dias. Estes diferiram significativamente entre si. Verificou-se que os ácaros se deslocavam sobre os grãos (placa VII) antes de se fixarem na parte do endosperma dos grãos (placas VIII e IX) e que, à medida que a duração da exposição aumentava, os ácaros conseguiam penetrar nos grãos e a população florescia (placa X) em termos de número de ovos e de população móvel.

Quadro 1: População móvel de Tyrophagus putrescentiae em grãos inteiros de trigo

Observation period (days)	No. of mites/ 100g grain	Grain consumed (mg/100g)
30	135.33	112.90
60	268.00	228.98

90	414.33	425.24
120	698.33	858.53
150	965.33	1238.20
180	1377.66	1487.13
SE(m)	9.89	15.96
C.D. (p=0.05)	30.29	49.74
Correlation coefficient (r)	0.98*	

*significativo a 1%

Em cada período de observação, o impacto da infestação por T. putrescentiae no peso dos grãos também foi estudado em termos de grãos consumidos. A quantidade mínima de grãos foi consumida (112,90 mg/100g de grãos) aos 30 dias, o que foi significativamente menor do que os grãos consumidos nas outras durações (CD= 49,74; p=0,05). Durante o período de estudo, à medida que a população móvel de T. putrescentiae aumentava, observou-se um aumento significativo no consumo. O consumo de grãos aumentou para 228,98, 425,24, 858,53 e 1238,20 mg/100g de grãos aos 60, 90, 120 e 150 dias do período de estudo, respetivamente. Os ácaros consumiram significativamente mais grãos (1487,13 mg/100g de grãos) aos 180 dias, correspondendo à população máxima (1377 ácaros) nesta fase. Nesta altura, devido à alimentação abundante, os grãos estavam muito danificados e era também visível alguma massa residual pulverulenta (placa XI).

Obteve-se uma correlação positiva significativa entre a população de ácaros e o consumo de grãos (r = 0,98) (Tabela 1), indicando que à medida que a infestação por T. putrescentiae aumentava nos grãos de trigo, observava-se um aumento correspondente no consumo de grãos.

4.1.2 Suscetibilidade da farinha de trigo

Consistente com os resultados acima, a população de T. putrescentiae foi significativamente menor (467,80 ácaros/ 100g de farinha) (Tabela 2) no período de observação de 30 dias, que depois aumentou estatisticamente para 1058,80, 1608, 2591,20 e 3547,20 ácaros/ 100g de farinha aos 60, 90, 120 e 150 dias a partir da contagem inicial de 100 pares de ácaros (CD= 499,51; p=0,05). Manteve uma população significativamente mais elevada (5833,40 ácaros/ 100g de farinha) aos 180 dias a partir da contagem prévia de 100 pares de ácaros. A análise estatística da incidência de T. putrescentiae mostrou um efeito significativo do período de observação. A farinha de trigo contaminada com ácaros mostrou um escurecimento da farinha nos lados das arenas de observação devido à acumulação de excrementos de ácaros (Placa XII). Os ácaros começaram a alimentar-se logo que foram libertados na farinha de trigo (placa XIII). Os ovos foram postos e a população móvel (Placa XIV) e os ácaros adultos (Placa XV) floresceram na farinha de trigo. Após o fim do período de estudo, o estado da farinha deteriorou-se e as arenas de observação libertaram um odor pungente.

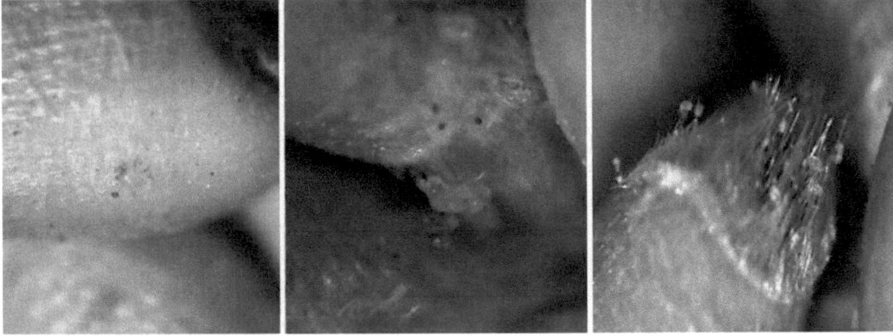

Placa VII: Palco móvel

Placa VIII: Alimentação do ácaro adulto
Placa IX: Estádios de desenvolvimento

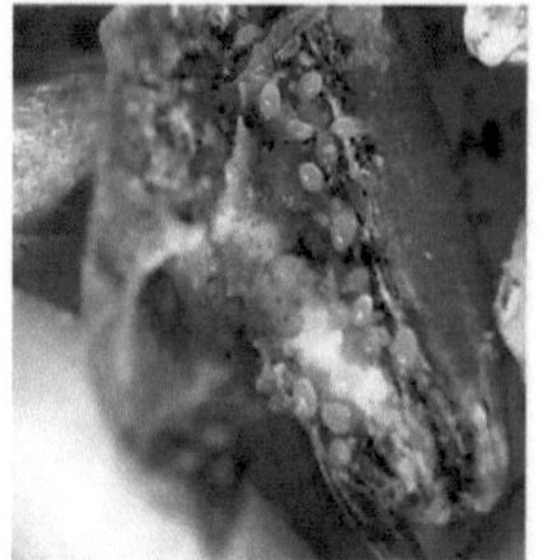 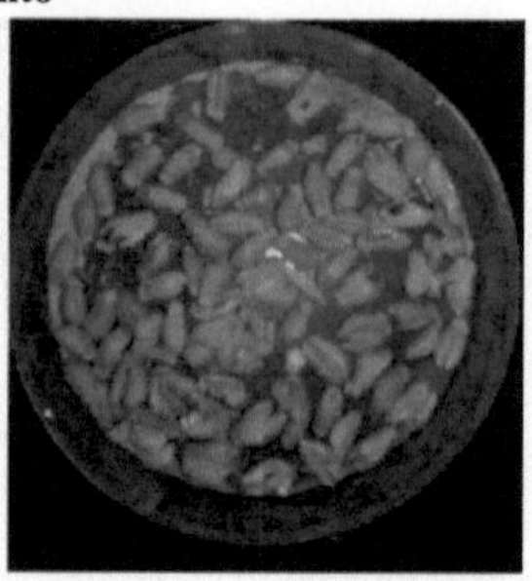 

Placa X: T. putrescentiae **em grão**
Placa XI: Grãos danificados por ácaros
Placa XII: Farinha danificada por ácaros

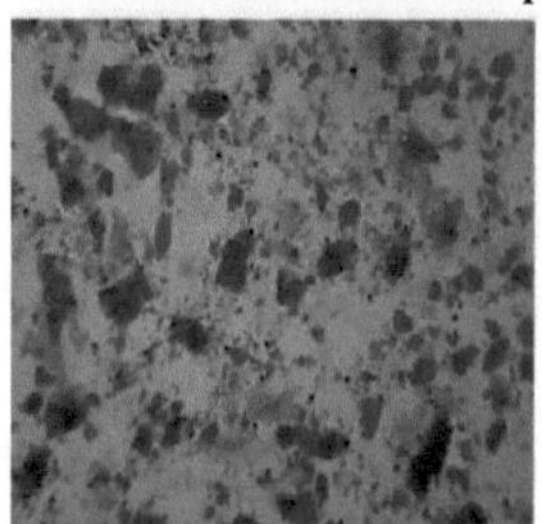 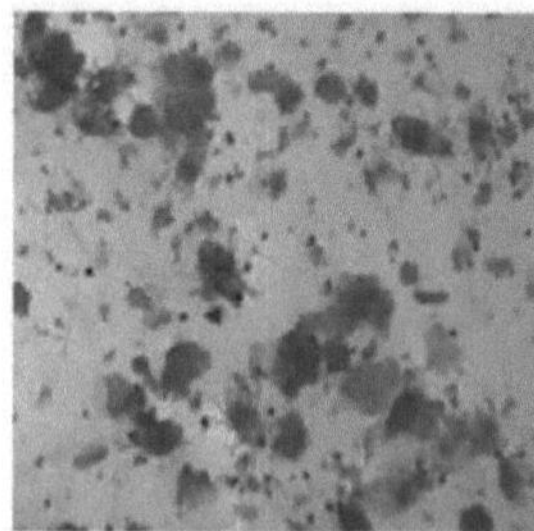 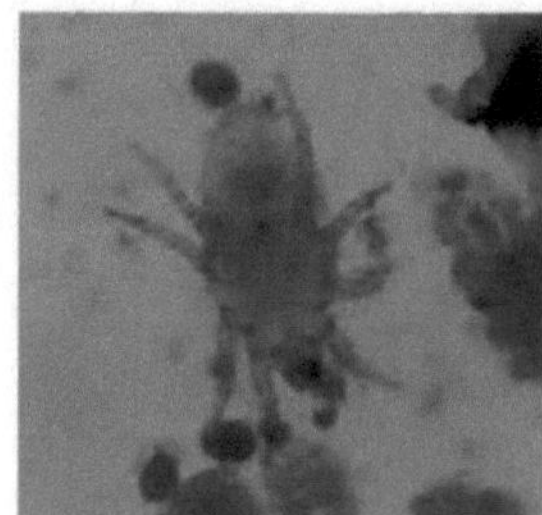

Placa XIII: T. putrescentiae **em farinha de trigo Nwheat**
Placa XIV: Fases móveis
Placa XV: Ácaro adulto

Quadro 2: População móvel de Tyrophagus putrescentiae na farinha de trigo

Observation period (days)	No. of mites/ 100g flour	Flour consumed (mg/100g)
30	467.80	447.58
60	1058.80	1381.86
90	1608.00	1791.54
120	2591.20	1987.45
150	3547.20	2246.13
180	5833.40	3667.67
SE(m)	170.12	8.75
C.D. (p=0.05)	499.51	27.26
Correlation coefficient (r)	0.94*	

***Significativo a 1%**

Os resultados do impacto da infestação por T. putrescentiae no peso da farinha também são apresentados nas Tabelas 2 em termos de farinha consumida. A quantidade mínima de farinha foi consumida (447,58 mg/100g de farinha) aos 30 dias, que foi significativamente mais baixa do que a farinha consumida noutras durações (CD= 27,26; p=0,05). O consumo de farinha aumentou para 1381.86, 1791.54, 1987.45, e 2246.13 mg/ 100g de farinha aos 60, 90, 120 e 150 dias. Em cada nível, o consumo de farinha diferiu significativamente. O consumo de farinha de trigo foi máximo e significativamente mais elevado (3667,67 mg/ 100g de farinha) pelos ácaros quando a população de T. putrescentiae também foi mais elevada (5833 ácaros) (Quadro 2). Estes resultados sugerem um efeito significativo do período de observação no peso da farinha.

Os dados sobre a incidência de T. putrescentiae na farinha de trigo sugerem que um aumento na população de ácaros leva a um aumento correspondente no consumo de farinha. No presente estudo, obteve-se uma correlação positiva significativa entre a população de ácaros e o consumo de cereais (r = 0,94) (Quadro 2).

4.1.3 Suscetibilidade comparativa dos grãos e da farinha de trigo

Os grãos de trigo e a farinha foram comparados para verificar a sua suscetibilidade em termos de incidência de T. putrescentiae durante a análise mensal dos dados (Quadro 3). Entre os dois, a farinha de trigo foi considerada significativamente melhor (CD = 59,85; p = 0,05), uma vez que foi registado um maior número de ácaros (2517,73 ácaros/ 100g de farinha) do que no trigo em grão (643,16 ácaros/ 100g de grão) (quadro 3). Independentemente da forma do trigo, o número máximo de ácaros (3605,53 ácaros/ 100 g de trigo) foi registado aos 180 dias, o que mostrou uma diferença significativa em relação ao número de ácaros nos outros períodos de observação (CD = 103,67; p = 0,05). O número de ácaros registados foi de 301,56, 663,40, 1011,16, 1644,76 e 2256,26 ácaros/100 g de trigo aos 30, 60, 90, 120 e 150 dias de observação, o que foi estatisticamente significativo em cada período. A interação entre os períodos de observação e a forma do trigo também foi significativa (DC = 146,62; p = 0,05) (quadro 3), o que indica que as observações mensais do número de ácaros registados nas duas formas (grãos e farinha) diferem significativamente entre si. O número de ácaros por 100 g de grãos/farinha era de 135,33 e 467,80 após 30 dias, tendo aumentado para 1377,66 e 5833,40 ácaros por 100 g de grãos/farinha no final do período de estudo (180 dias).

Table 3: Suscetibilidade comparativa dos grãos e da farinha de trigo a Tyrophagus putrescentiae

Observation period (days)	Number of mites/ 100g		Mean
	Wheat grain	Wheat flour	(Mites after days)
30	135.33	467.80	**301.56**
60	268.00	1058.80	**663.40**
90	414.33	1608.00	**1011.16**
120	698.33	2591.20	**1644.76**
150	965.33	3547.20	**2256.26**
180	1377.66	5833.40	**3605.53**
Mean (Mites in wheat)	**643.16**	**2517.73**	

CD (p=0,05) para a forma de trigo = 59,85; SE(m) = 20,98
CD (p=0,05) para Período de observação = 103,67; SE(m) =36,35
CD (p=0,05) para forma de trigo x Período de observação = 146,62; SE(m) = 51,40

4.1.4 Fecundidade comparativa de T. putrescentiae em grãos e farinha de trigo

Durante estes períodos de observação, o número de ovos postos por T. putrescentiae também foi registado em grãos de trigo e farinha. Estes foram analisados estatisticamente e apresentados no quadro 4. Uma tendência semelhante à observada acima no que diz respeito à população móvel também foi registada na contagem de ovos.

No início, o número de ovos postos era menor (98,40 e 416,60 ovos por 100 g de grãos/farinha), aumentando para 258,20, 389,80, 594,80, 753,40, 1024,60 ovos por 100 g em grãos de trigo e 896,40, 1486,60, 1975,80, 2471 e 3210 ovos por 100 g em farinha de trigo. A suscetibilidade do trigo foi testada em duas formas:

grãos e farinha. A análise estatística efectuada através da ANOVA revelou uma diferença significativa no número de ovos postos nestas duas formas. O número de ovos de T. putrescentiae foi estatisticamente maior na farinha de trigo (1742,73 ovos/100g de farinha) (CD= 60,02; p=0,05) do que o número de ovos em grãos de trigo (519,87 ovos/100g de grãos). Do mesmo modo, o período de observação também influenciou significativamente o número de ovos postos em grãos de trigo e em farinha. Independentemente da forma, as observações mensais mostraram um aumento significativo da fecundidade de 257,50 ovos/100g de trigo após 30 dias para 577,30, 938,20, 1285,30 e 1612,20 ovos/100g de trigo aos 60, 90, 120 e 150 dias (CD= 103,96; p=0,05). O número máximo de ovos (2117,30 ovos/100g de trigo) foi colocado no final do período de estudo, ou seja, após 180 dias de infestação (Quadro 4).

Os efeitos da estimativa quantitativa (população total que inclui ovos e estádios móveis) em ambos os produtos (grãos de trigo e farinha) estão ilustrados na Fig.1. Em geral, a farinha de trigo foi mais preferida por T. putrescentiae, que apresentou uma densidade mais elevada do que os grãos de trigo. Em todos os períodos de observação, as contagens de T. putrescentiae foram de 884,4, 1955,2, 3094,6, 4567, 6018,2 e 9043,4 ácaros/ 100g na farinha de trigo após 30, 60, 90, 120, 150 e 180 dias. Os valores correspondentes em grãos de trigo foram 233,73, 526,2, 804,13, 1293,13, 17,18,73 e 2402,26 ácaros/ 100g em grãos de trigo.

Table 4:   Fecundidade de Tyrophagus putrescentiae em grãos e farinha de trigo

Observation period (days)	Number of eggs/ 100g		Mean (eggs after days)
	Wheat grain	Wheat flour	
30	98.40	416.60	**257.50**
60	258.20	896.40	**577.30**
90	389.80	1486.60	**938.20**
120	594.80	1975.80	**1285.30**
150	753.40	2471.00	**1612.20**
180	1024.60	3210.00	**2117.30**
Mean (No. of eggs in wheat)	**519.87**	**1742.73**	

CD (p=0,05) para a forma de trigo = 60,02; SE(m) = 21,04
CD (p=0,05) para Período de observação = 103,96; SE(m) =36,44
CD (p=0,05) para a forma de trigo x Período de observação = NA; SE(m) = 51,54

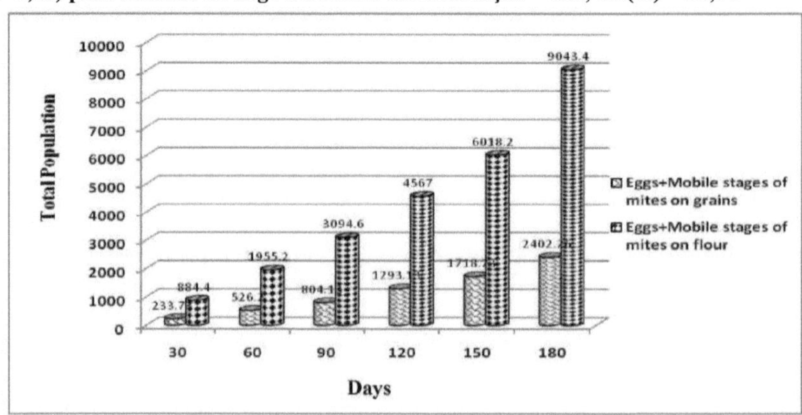

Fig. 1: Estimativa quantitativa de Tyrophagus putrescentiae associada a grãos/farinha de trigo
A Fig.2 e a Fig.3 apresentam uma comparação da percentagem de desenvolvimento de T. putrescentiae

em grãos de trigo e farinha. A partir dos gráficos de pizza, pode inferir-se que, em ambos os casos, o número de fases móveis foi superior ao número de ovos postos. No que diz respeito à percentagem de desenvolvimento em grãos de trigo, da população total 45% eram ovos e 55% eram população móvel (Fig. 2). Do mesmo modo, foram registados 41% de ovos e 59% de população móvel na farinha de trigo (Fig. 3).

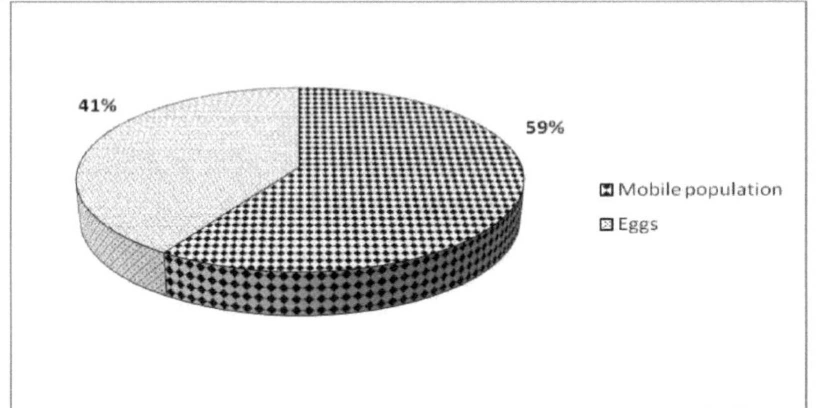

Fig. 2: Percentagem de desenvolvimento de Tyrophagus putrescentiae em grãos de trigo

Fig. 3: Percentagem de desenvolvimento de Tyrophagus putrescentiae em farinha de trigo

4.1. 5Perda de peso em grãos de trigo e farinha infestados com Tyrophagus putrescentiae

As alterações no peso do grão/farinha devido à infestação por T. putrescentiae foram avaliadas em termos de perda de peso percentual. Os dados gerados durante o período de estudo estão representados no Quadro 5. A perda de peso registou um aumento significativo com a duração da infestação (CD= 0,007; p= 0,05).

Table 5: Perda de peso em grãos de trigo e farinha infestados com Tyrophagus putrescentiae

Observation period (days)	Per cent weight loss		Mean (loss after days)
	Wheat grain	Wheat flour	
30	0.110	0.450	**0.280**
60	0.230	1.380	**0.810**

	90	0.430	1.790	1.110
	120	0.860	1.990	1.420
	150	1.240	2.250	1.740
	180	1.490	3.670	2.580
Mean (loss in wheat)		**0.730**	**1.920**	

CD (p=0,05) para a forma de trigo = 0,004; SE(m) = 0,001

CD (p=0,05) para Período de observação = 0,007; SE(m) =0,002

CD (p=0,05) para forma de trigo x Período de observação = 0,009; SE(m) = 0,003

Foram registadas como 0,28, 0,81, 1,11, 1,42, 1,74 e 2,58 por cento após 30, 60, 90, 120, 150 e 180 dias do período de observação. Entre as duas formas de trigo, a perda de peso percentual foi significativamente maior (1,92%) na farinha de trigo, correspondendo a uma população elevada (Quadro 3), em comparação com o grão de trigo (0,73%) (CD=0,004; p=0,05). A análise estatística efectuada por ANOVA revelou uma interação significativa entre a forma do trigo e o período de observação. Indicou que, em todos os períodos de observação, a alimentação com ácaros causou um aumento significativo da perda de peso na farinha de trigo em comparação com o trigo em grão (CD= 0,009; p= 0,05). A perda percentual foi de 0,11, 0,23, 0,43, 0,86, 1,24 e 1,49 para os grãos de trigo aos 30, 60, 90, 120, 150 e 180 dias (Quadro 5). Os valores correspondentes para a farinha de trigo foram 0,45, 1,38, 1,79, 1,99, 2,25 e 3,67 por cento de perda de peso.

4.2 Perdas qualitativas devidas a T. putrescentiae em grãos de trigo

Esta experiência foi realizada para verificar o potencial de T. putrescentiae em causar perdas qualitativas nos grãos e na farinha durante o período de estudo. Um número conhecido de ácaros (100 pares) foi libertado nos grãos e na farinha por 100 g e foi-lhes permitido completar o seu ciclo de vida. Em três períodos de observação; 30, 90 e 180 dias após o início da experiência, os ácaros foram extraídos através do método do funil de Berlese modificado. Os grãos de trigo e a farinha foram submetidos a uma estimativa de proteínas brutas, açúcares solúveis totais, açúcares redutores, açúcares não redutores e amido, de acordo com os procedimentos padrão. Os resultados estão resumidos nos quadros 6-15.

4.2.1 Efeito da infestação de ácaros no teor de açúcares solúveis totais

Os dados sobre o efeito da infestação por T. putrescentiae nos teores de açúcares solúveis totais dos grãos de trigo revelaram uma diminuição acentuada coincidindo com uma população elevada de ácaros (Quadro 6). Com o aumento da duração da infestação, o número de ácaros por amostra aumentou, mostrando uma diminuição significativa correspondente nos açúcares solúveis totais (CD = 1,04; p = 0,05).

Table 6: Açúcares solúveis totais em grãos de trigo infestados e não infestados por Tyrophagus putrescentiae em diferentes períodos de tempo

Number of days	No. of mites/ 100g grain	Total soluble sugar (mg/1g wheat)*	
		Infested grain	Non infested grain
0	0.00	67.16±0.14	67.16±0.14
30	135.33	65.83±0.24 (1.98)	67.01±0.16
90	414.33	63.32±0.57 (5.71)	66.90±0.13
180	1377.66	60.60±0.10 (9.76)	66.78±0.14
SE(m)	-	0.31	
CD (p=0.05)	-	1.04	
Correlation (r)		-0.95**	

*Média ± S.D.

**significativo a 1%
Os valores entre parênteses correspondem à percentagem de perda total de açúcar

Esta diminuição variou entre 67,16 mg/g de trigo no controlo e 65,83 mg/g de trigo aos 30 dias de infestação por T. putrescentiae, com uma contagem de ácaros de 135,33/100 g de grãos. À medida que a duração da infestação aumentou, registou-se um declínio progressivo no teor de açúcar solúvel total. Este foi estimado em 63,32 e 60,60 mg/g de trigo aos 90 e 180 dias de observação. Em termos de perdas percentuais, esta diminuição foi calculada em 1,98, 5,71 e 9,76% após 30, 90 e 180 dias de infestação. Foi obtida uma correlação negativa significativa (r= - 0,95) entre o número de ácaros e o teor de açúcar solúvel total. Isto indicou que, com o aumento do número de ácaros em diferentes períodos de tempo, se assistiu a uma diminuição correspondente dos açúcares totais. Durante o presente estudo, observou-se uma variação no teor de açúcares solúveis totais dos grãos não infestados entre 66,78 e 67,16 mg/g de trigo.

4.1.2 Efeito da infestação de ácaros no teor de açúcares redutores

Ao contrário dos resultados acima, os açúcares redutores apresentaram um aumento acentuado com o aumento do período de infestação por T. putrescentiae (Quadro 7). Verificou-se que o teor de açúcares redutores foi significativamente afetado pela duração da infestação (CD= 1,33; p= 0,05). Com o aumento da densidade de infestação de ácaros T. putrescentiae de 100 para 135,33 ácaros, os açúcares redutores também mostraram um aumento correspondente de 24,10 para 25,38 mg/g de grãos de trigo aos 0 e 30 dias. O valor registado foi de 24,10 mg/g nos grãos de trigo em que não houve libertação de ácaros. Com a progressão do período de observação, o teor de açúcares redutores foi registado como 26,41 e 27,65mg/1g aos 90 e 180 dias de infestação por T. putrescentiae; mostrando um efeito significativo (Quadro 7). A população foi de 414,33 e 1377,66 ácaros/100 g de grãos durante este período, respetivamente. Durante o presente estudo, observou-se uma alteração no teor de açúcares redutores dos grãos não infestados na gama de 24,10 a 24,32 mg/g de trigo.

Os grãos de trigo infestados de ácaros também foram submetidos a uma análise de correlação entre a população de T. putrescentiae e os açúcares redutores (Quadro 7). Foi registada uma correlação positiva significativa (r= 0,91) entre a população de T. putrescentiae e os açúcares redutores, o que sugere que, com o aumento do número de ácaros, houve um aumento correspondente dos açúcares redutores dos grãos de trigo durante o período de estudo.

Table 7: Açúcar redutor em grãos de trigo infestados e não infestados por Tyrophagus putrescentiae em diferentes períodos de tempo

Number of days	No. of mites/ 100g grain	Reducing sugar content (mg/1g wheat)*	
		Infested grain	Non infested grain
0	0.00	24.10±0.11	24.10±0.11
30	135.33	25.38±0.75	24.19±0.12
90	414.33	26.41±0.20	24.37±0.14
180	1377.66	27.65±0.17	24.32±0.17
SE(m)	-	**0.40**	
CD (p=0.05)	-	**1.33**	
Correlation (r)	**0.91****		

*Média ± S.D.
**significativo a 1%

4.2.3 Efeito da infestação de ácaros no teor de açúcares não redutores

Os açúcares não redutores registaram uma diminuição acentuada quando sujeitos à infestação de T. putrescentiae nos grãos de trigo. Um efeito significativo do tratamento (CD= 3,50; p= 0,05) (Quadro 8) mostrou um declínio progressivo dos açúcares não redutores de acordo com o aumento do período de observação. O teor de açúcares não redutores diminuiu de 43,06 mg/1g no controlo para 40,45, 36,91mg/1g e 32,95 mg/g aos 30, 90 e 180 dias de infestação; mostrando assim um efeito significativo do período de observação no teor de açúcares não redutores. O teor de açúcares não redutores foi estatisticamente igual nos dois primeiros tratamentos. À medida que o número de ácaros aumentou em cada período de observação, registou-se uma diminuição significativa dos açúcares não redutores. Os valores negativos do coeficiente de correlação (r = -0,94) obtidos entre o número de T. putrescentiae e os açúcares não redutores indicaram uma relação inversa paralela entre os dois parâmetros (quadro 8). Com uma população de ácaros de 135,33, 414,33 e 1377,66 ácaros/ 100 g de grão, foram obtidas quantidades significativamente mais baixas de açúcares não redutores. Durante o presente estudo, foi observada uma alteração no teor de açúcares não redutores dos grãos não infestados na gama de 43,06 a 42,46 mg/g de trigo.

Table 8: Açúcares não redutores em grãos de trigo infestados e não infestados por Tyrophagus putrescentiae em diferentes períodos de tempo

Number of days	No. of mites/ 100g grain	Non reducing content (mg/1g wheat)*	
		Infested grain	Non infested grain
0	0.00	$43.06^{a} \pm 1.73$	43.06±1.73
30	135.33	$40.45^{a} \pm 1.15$	42.82±1.80
90	414.33	36.91 ±0.14	42.53±1.63
180	1377.66	32.95 ±0.36	42.46±1.74
SE(m)	-	1.06	
CD (p=0.05)	-	3.50	
Correlation (r)	-0.94**		

1Média ± S.D.
1significativo a 1%
Valores com o mesmo sobrescrito não diferem significativamente

4.2.4 Efeito da infestação de ácaros no teor de amido

Foram avaliadas as alterações nos teores de amido dos grãos de trigo em diferentes períodos de infestação por ácaros (100 pares de ácaros como contagem inicial). A tendência observada foi semelhante à observada nos teores de açúcares totais e não redutores dos grãos de trigo. Os dados gerados durante um período de 180 dias são apresentados no quadro 9 e revelam um efeito significativo dos períodos de observação da infestação por ácaros. O teor médio inicial de amido nos grãos de trigo foi de 444,18 mg/1g de trigo, o mais elevado durante o presente estudo. Quando se permitiu que os ácaros se alimentassem dos grãos de trigo de 100 g, os teores de amido diminuíram para 438,70, 411,18 e 367,35 mg/1g de trigo após 30, 90 e 180 dias, apresentando uma diferença significativa entre si (CD = 11,48; p=0,05). Isso correspondeu ao aumento da população de T. putrescentiae para 135,33, 414,33 e 1317,66 ácaros/ 100g de grãos após 30, 90 e 180 dias. No tratamento de controlo, os teores de amido permaneceram iguais nos diferentes períodos de observação. A correlação negativa significativa (r= -0,98) entre a população de T. putrescentiae e o teor de amido mostrou uma queda no teor de amido dos grãos de trigo com o aumento da infestação por T. putrescentiae. Durante o presente estudo, observou-se uma alteração no teor de amido dos grãos não infestados na gama de 444,18 a 439,72 mg/g de trigo.

Table 9: Teor de amido em grãos de trigo infestados e não infestados por Tyrophagus putrescentiae em diferentes períodos de tempo

Number of days	No. of mites/ 100g grain	Starch content (mg/1g wheat)*	
		Infested grain	Non infested grain
0	0.00	444.18±3.04	444.18 ±3.04
30	135.33	438.70±3.12	443.24 ±4.23
90	414.33	411.18±3.25	441.98 ±3.97
180	1377.66	367.35±2.77	439.72 ±3.68

SE(m)	-	3.46
CD (p=0.05)	-	11.48
Correlation (r)	-0.98**	

1Média ± S.D.

1significativo a 1%

4.2.5 Efeito da infestação de ácaros no teor de proteína bruta

Os resultados do efeito da infestação por T. putrescentiae no teor de proteína bruta dos grãos de trigo estão resumidos no Quadro 10. Com o aumento da duração da infestação, o número de ácaros aumentou, mostrando uma diminuição correspondente no teor de proteínas até 90 dias de infestação. O teor médio inicial de proteínas em grãos de trigo não infestados era de 12,56 mg/1 g de grãos (Quadro 10). Quando se permitiu que os ácaros se alimentassem dos grãos de trigo de 100 g durante 30 dias, o teor de proteínas diminuiu para 12,43 mg/1 g, causando uma perda de 1,03 por cento no teor de proteínas. Quando a duração da infestação foi aumentada para o dobro (90 dias), o teor de proteínas diminuiu para uma média de 12,16 mg /1 g de grão, registando-se um aumento acentuado da população de T. putrescentiae (414,33 ácaros/100 g de grãos). A perda de conteúdo proteico aumentou para 3,18 por cento nesta duração (Quadro 10). Depois disso, registou-se um ligeiro aumento do teor de proteínas (12,33 mg/1g de grão), correspondendo ao aumento da população de T. putrescentiae (1377,66 ácaros/100 g de grão) nos grãos de trigo (Quadro 10).

Table 10: Teor de proteína bruta em grãos de trigo infestados e não infestados por Tyrophagus putrescentiae em diferentes períodos de tempo

Number of days	No. of mites/ 100g grain	Protein content (mg/1g wheat)*	
		Infested grain	Non infested grain
0	0.00	$12.56^a \pm 0.50$	12.56 ± 0.50
30	135.33	$12.43^a \pm 0.65$ (1.03)	12.43 ± 0.48
90	414.33	$12.16^a \pm 0.58$ (3.18)	12.37 ± 0.53
180	1377.66	$12.33^a \pm 1.01$ (1.83)	12.28 ± 0.45
SE(m)	-	0.46	
CD (p=0.05)	-	1.52	
Correlation (r)	-0.42		

*Média ± S.D.

Os valores entre parênteses correspondem à percentagem de perda de proteínas

Valores com o mesmo sobrescrito não diferem significativamente

O teor proteico dos grãos de trigo infestados com T. putrescentiae não apresentou uma diferença significativa entre si em diferentes períodos de observação durante o presente estudo (CD = 1,52; p=0,05). Da mesma forma, foi registada uma correlação negativa não significativa (r = -0,42) entre o teor de proteínas dos grãos infestados e a população de T. putrescentiae. Durante o presente estudo, foi observada uma alteração no teor de proteínas dos grãos não infestados na gama de 12,28 a 12,56 mg/g de trigo.

4.3 Perdas qualitativas devidas a T. putrescentiae na farinha de trigo

A experiência foi conduzida para verificar o potencial de T. putrescentiae em causar perdas qualitativas na farinha de trigo durante o período de estudo. Utilizou-se uma metodologia semelhante à adoptada para os grãos de trigo para estimar o teor de açúcares solúveis totais, açúcares redutores e não redutores, amido e proteínas após a extração dos ácaros através do método do funil de Berlese modificado. Os resultados estão resumidos nos quadros 11-15.

4.3.1 Efeito da infestação de ácaros no teor de açúcares solúveis totais

Os resultados sobre o efeito da infestação por T. putrescentiae nos teores de açúcares solúveis totais da farinha de trigo foram resumidos na Tabela 11. Com o aumento da duração da infestação, o número de ácaros aumentou, mostrando uma diminuição correspondente nos açúcares solúveis totais (Tabela 11). Esta diminuição variou de 67,16 mg/1g de farinha no controlo a 54,71 mg/1g de farinha aos 180 dias de infestação por T. putrescentiae. À medida que a duração da infestação aumentou, registou-se um declínio progressivo no teor de açúcar solúvel total. Este foi estimado em 61,62 e 57,73 mg/1g de farinha aos 30 e 90 dias de observação. A análise estatística revelou uma diferença significativa no teor de açúcar solúvel total em diferentes períodos de observação. As perdas nos teores de açúcar solúvel total aumentaram para 8,24, 14,04 e 18,53 por cento após 30, 90 e 180 dias de infestação, correspondendo ao aumento da população de T. putrescentiae (467,80, 1608 e 5833,40 ácaros/100 g de farinha, respetivamente) na farinha de trigo A farinha de trigo infestada também foi submetida a uma análise de correlação entre a população de T. putrescentiae e o teor de açúcar solúvel total (Tabela 11). Foi registada uma correlação negativa significativa (r= - 0,84) entre a população de T. putrescentiae e o teor de açúcar solúvel total, o que sugere que, com o aumento do número de ácaros, houve uma diminuição correspondente do teor de açúcar solúvel total da farinha de trigo durante o período de estudo. Durante o presente estudo, observou-se uma variação no teor de açúcar solúvel total dos grãos não infestados entre 444,18 e 439,72 mg/g de trigo.

Table 11: Teor de açúcares solúveis totais em farinha de trigo infestada e não infestada por Tyrophagus putrescentiae em diferentes períodos de tempo

Number of days	No. of mites/ 100g flour	Total soluble sugar content (mg/1g wheat)*	
		Infested flour	Non infested flour
0	0.00	67.16±0.14	67.16±0.14
30	467.80	61.62±0.98 (8.24)	67.01±0.16
90	1608.00	57.73±0.66 (14.04)	66.90±0.13
180	5833.40	54.71±0.83(18.53)	66.78±0.14
SE(m)	-	0.72	
CD (p=0.05).	-	2.41	
Correlation (r)	-0.84**		

*Média ± S.D.
** Significativo a 5%
Os valores entre parênteses correspondem à percentagem de perda total de açúcar

4.3.2 Efeito da infestação de ácaros no teor de açúcares redutores

Os dados relativos ao efeito da infestação por T. putrescentiae nos teores de açúcares redutores da farinha de trigo estão representados na Tabela 12. Uma comparação da população de T. putrescentiae na farinha de trigo revelou que a população de T. putrescentiae era maior no final do período de estudo (180 dias; 5833,40 ácaros/100 g de farinha) em comparação com 30 (467,80 ácaros/100 g de farinha) e 90 (1608 ácaros/100 g de farinha) dias. A análise estatística mostrou um efeito significativo do período de observação nos teores de açúcares redutores da farinha de trigo (CD = 0,86; p = 0,05).

Table 12: Teor de açúcares redutores na farinha de trigo infestada e não infestada por Tyrophagus putrescentiae em diferentes períodos de tempo

Number of days	No. of mites/ 100g flour	Reducing sugar content (mg/1g wheat)*	
		Infested flour	Non infested flour
0	0.00	24.10±0.14	24.10±0.11
30	467.80	26.81±0.19	24.19±0.12
90	1608.00	28.14±0.20	24.37±0.14

180	5833.40	29.74±0.41	24.32±0.17
SE(m)	-	0.26	
CD (p=0.05).	-	0.86	
Correlation (r)		0.84**	

1Média ± S.D.

1significativo a 5%

Foram registados teores de açúcares redutores estatisticamente mais baixos no dia 0 (24,10mg/1g de farinha de trigo) do que nos outros períodos de observação. À medida que a duração da infestação aumentou, registou-se um aumento significativo progressivo do teor de açúcares redutores. Este foi estimado em 26,81, 28,14 e 29,74 mg/1g de farinha de trigo aos 30, 90 e 180 dias de observação. Durante o presente estudo, foi observada uma variação no teor de açúcares redutores dos grãos não infestados entre 24,10 e 24,32 mg/g de trigo.

A correlação entre os dois parâmetros, ou seja, T. putrescentiae e teor de açúcares redutores da farinha de trigo, foi positiva e altamente significativa durante a presente investigação. O valor do coeficiente de correlação (r) foi de 0,84. É evidente a partir da tabela que o aumento da população de T. putrescentiae após 30, 90 e 180 dias levou a um aumento do teor de açúcares redutores.

4.3.3 Efeito da infestação de ácaros no teor de açúcares não redutores

Os dados relativos a esta experiência são apresentados no quadro 13. A análise estatística revelou um efeito significativo do período de observação no teor de açúcar não redutor da farinha de trigo infestada (CD= 3,84; p=0,05). Os resultados revelaram que o teor máximo de açúcar não redutor foi registado no controlo aos 0 dias (43,06 mg/1g de farinha), que diminuiu significativamente para 34,81 mg/1g de farinha aos 30 dias, seguido de 29,59 e 24,97 mg/1g de farinha aos 90 e 180 dias. Estes diferiram significativamente entre si.

Table 13: Teor de açúcares não redutores na farinha de trigo infestada e não infestada por Tyrophagus putrescentiae em diferentes períodos de tempo

Number of days	No. of mites/ 100g flour	Non reducing content (mg/1g wheat)*	
		Infested flour	Non infested flour
0	0.00	43.06±1.73	43.06±1.73
30	467.80	34.81±0.61	42.82±1.80
90	1608.00	29.59±1.11	42.53±1.63
180	5833.40	24.97±0.11	42.46±1.74
SE(m)	-	1.16	
CD (p=0.05).	-	3.84	
Correlation (r)		-0.84**	

1Média ± S.D.

1significativo a 5%

À medida que o período de observação aumentou, registou-se um aumento correspondente na população de T. putrescentiae de 100 pares como contagem inicial para 467,80, 1608 e 5833,40 ácaros/100 g de farinha após 30, 90 e 180 dias. Uma correlação negativa significativa (r = -0,84) entre a população de T. putrescentiae e o teor de açúcar não redutor da farinha de trigo mostrou uma relação inversa entre os dois; o aumento de um parâmetro levou à diminuição do outro parâmetro. Durante o presente estudo, observou-se uma alteração no teor de açúcares não redutores dos grãos não infestados entre 42,46 e 43,06 mg/g de trigo.

4.3.4 Efeito da infestação de ácaros no teor de amido

Foram avaliadas as alterações nos teores de amido da farinha de trigo em diferentes períodos de infestação de ácaros (100 pares de ácaros como contagem inicial). Os dados gerados durante um período de 180 dias são apresentados no Quadro 14. O teor médio inicial de amido nos grãos de trigo foi de 444,18 mg/1g de farinha, o que foi significativamente mais elevado do que o teor de amido registado noutros períodos de observação (CD = 32,09; p= 0,05). Quando se permitiu que os ácaros se alimentassem de 100 g de farinha de trigo durante 30, 90 e 180 dias, os teores de amido diminuíram para 396,79, 338,87 e 322,72 mg/1g de farinha, respetivamente; todos os valores diferiram significativamente entre si. Quando a duração da infestação foi aumentada, a população de T. putrescentiae também aumentou para 467,80, 1608 e 5833,40 ácaros/100 g de farinha após 30, 90 e 180 dias, apresentando uma correlação negativa significativa (r = -0,80) com o teor de amido da farinha de trigo infestada. As flutuações na população de T. putrescentiae levaram a uma diminuição correspondente no teor de amido em todos os períodos de observação. À medida que o período de observação aumentou, registou-se um aumento correspondente na população de T. putrescentiae de 100 pares como contagem inicial para 467,80, 1608 e 5833,40 ácaros/100 g de farinha após 30, 90 e 180 dias. Uma correlação negativa significativa (r = -0,84) entre a população de T. putrescentiae e o teor de açúcar não redutor da farinha de trigo mostrou uma relação inversa entre os dois; o aumento de um parâmetro levou à diminuição do outro parâmetro.

Tabela 14: Teor de amido na farinha de trigo infestada e não infestada por Tyrophagus putrescentiae em diferentes períodos de tempo

Number of days	No. of mites/ 100g flour	Starch content (mg/1g wheat)*	
		Infested flour	Non infested flour
0	0.00	444.18±3.04	444.18 ±3.04
30	467.80	396.79±3.25	443.24 ±4.23
90	1608.00	338.87±4.53	441.98 ±3.97
180	5833.40	322.72±2.77	439.72 ±3.68
SE(m)	-	9.69	
CD (p=0.05).	-	32.09	
Correlation (r)	-0.80**		

1Média ± S.D.

1significativo a 5%

Durante o presente estudo, foi observada uma alteração no teor de amido dos grãos não infestados na gama de 444,18 a 439,72 mg/g de trigo.

4.3.5 Efeito da infestação de ácaros no teor de proteína bruta

O efeito da infestação de ácaros no teor de proteínas da farinha de trigo é apresentado no Quadro 15. A diminuição do teor de proteínas foi registada em função da densidade inicial de infestação de ácaros, mostrando uma diminuição significativa em relação ao controlo. O teor médio de proteínas foi registado como 12,56 mg/1g na farinha não infestada, onde não houve libertação de ácaros. Após 30 dias de intervalo, o teor de proteínas desceu para 11,85 mg/1g de farinha (perda de 5,65%) (Tabela 15) com 467,80 ácaros. Com o aumento da duração da infestação para 90 dias, o teor de proteínas aumentou ligeiramente para 12,63 mg/1g de farinha (-0,55% de perda), não mostrando diferenças significativas em relação ao tratamento anterior e ao controlo. Com o aumento da população de T. putrescentiae para 5833,40 ácaros/100 g de farinha após 180 dias, o teor de proteína aumentou ainda mais para 13,90 mg/1g de farinha (-10,66% de perda). O teor proteico foi mais elevado após 180 dias de infestação, o que diferiu significativamente do teor proteico da farinha noutros períodos de observação (CD= 1,10; p= 0,05) (Tabela 15). No entanto, foi registada uma correlação positiva significativa (r= 0,91) entre o número de ácaros e o teor proteico, indicando um aumento correspondente neste último com o aumento da população de T. putrescentiae em vários períodos. Durante o presente estudo, foi observada uma alteração no teor de proteínas dos grãos não infestados entre 12,28 e 12,56 mg/g de trigo.

Tabela 15: Teor de proteína bruta na farinha de trigo infestada e não infestada por Tyrophagus putrescentiae em diferentes períodos de tempo

Number of days	No. of mites/ 100g flour	Protein content (mg/1g wheat)*	
		Infested flour	Non infested flour
0	0.00	12.56[a] ± 0.50	12.56 ± 0.50
30	467.80	11.85[a] ± 0.37(5.65)	12.43 ± 0.48
90	1608.00	12.63[a] ±0.57(-0.55)	12.37 ± 0.53
180	5833.40	13.90±0.46(-10.66)	12.28 ± 0.45
SE(m)	-	0.33	
C.D.	-	1.10	
Correlation (r)		0.91**	

1Média ± S.D.

1significativo a 1%

Os valores entre parênteses correspondem à percentagem de perda de proteínas

Valores com o mesmo sobrescrito não diferem significativamente

Uma análise superficial através de representação gráfica mostrou uma maior redução do teor de açúcar solúvel total na farinha de trigo infestada em comparação com os grãos infestados (Fig. 4) com o aumento da duração da infestação por T. putrescentiae. Durante o período de infestação de seis meses, o teor de açúcares solúveis totais variou entre 54,71 e 67,16 mg/1g e 60,6 e 67,16 mg/1g na farinha infestada e na forma de grão do trigo, correspondendo às flutuações da população de T. putrescentiae (Quadro 3).

O período de infestação por T. putrescentiae também influenciou o teor de açúcar redutor nos grãos e na farinha, conforme ilustrado na Fig. 5. Com o aumento do período de infestação, a farinha de trigo infestada resultou num maior aumento do teor de açúcares redutores do que os grãos de trigo infestados, o que mostra a preferência pela forma de farinha. Estes variaram entre 24,1 e 29,74 mg/1g e 24,1 e 29,65 mg/1g na farinha e nos grãos infestados, respetivamente, em duas observações mensais. O aumento máximo foi registado no final do estudo (180 dias), correspondendo à maior população de T. putrescentiae em ambas as formas de trigo.

O efeito da infestação por T. putrescentiae no teor de açúcares não redutores do trigo está representado na Fig. 6. O teor de açúcares não redutores também mostrou uma tendência semelhante à observada no teor de açúcares solúveis totais.

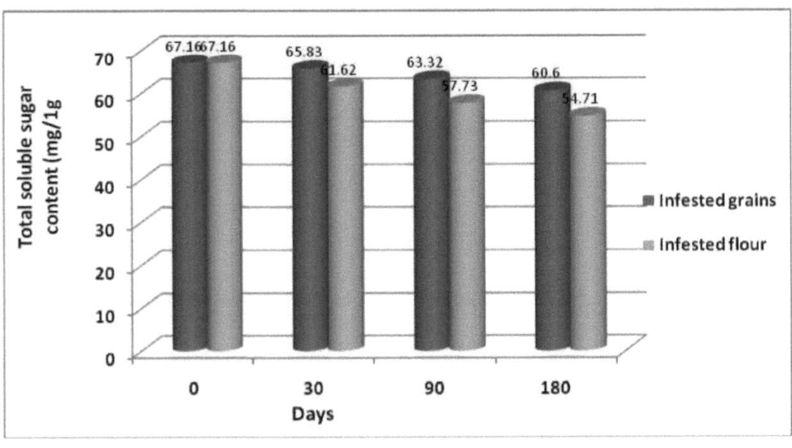

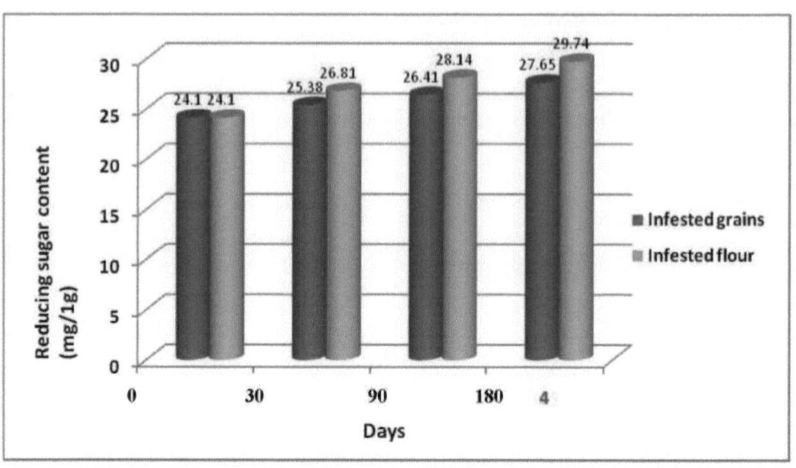

Fig. 5: Efeito da infestação por Tyrophagus putrescentiae no teor de açúcares redutores do trigo

A apresentação do diagrama de barras do teor de açúcares não redutores na farinha de trigo mostrou que, com o aumento do período de infestação de ácaros, houve uma diminuição do teor na gama de 43,06 a 24,97 mg/1g. Esta diminuição foi de 43,06 a 32,95 mg/1g em grãos de trigo (Fig. 6). Uma tendência clara mostra uma maior redução na farinha do que nos grãos devido a uma maior infestação por T. putrescentiae.

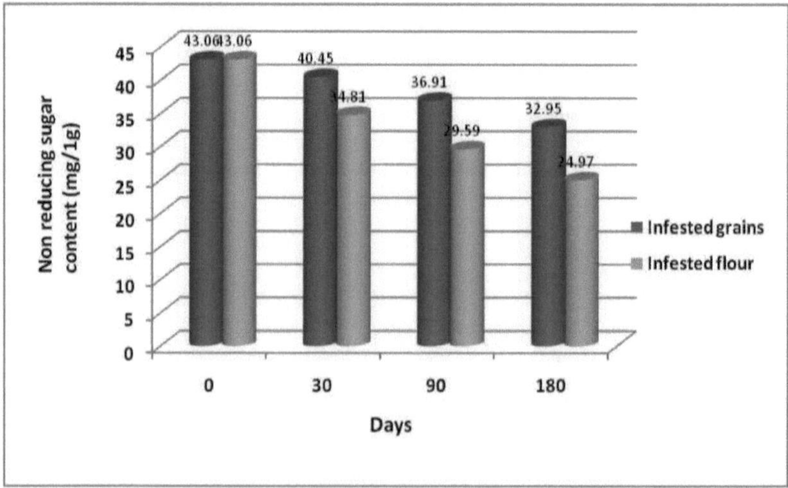

Fig. 6: Efeito da infestação por Tyrophagus putrescentiae no teor de açúcar não redutor do trigo

A representação gráfica do Teor relativo de amido na farinha e nos grãos de trigo mostrou que os dados variavam entre 444,18 e 322,72 e 444,18 e 367,35 mg/1g, respetivamente (Fig. 7). A tendência geral mostra uma maior redução do teor de amido na farinha em comparação com os grãos, uma tendência consistente com as observações anteriores sobre outros parâmetros bioquímicos. O efeito da infestação por T. putrescentiae foi claramente registado; um período de infestação mais longo (180 dias) mostrou uma maior redução e um período de infestação mais curto (30 dias) mostrou uma menor redução do teor de amido.

Uma análise superficial através de representação gráfica mostrou que o teor de proteínas em grãos de trigo infestados flutuou em graus menores (Fig. 8) com o aumento da duração da infestação por T. putrescentiae. Reduziu de 12,56 aos 0 dias para 12,43 e 12,16 mg/1g após 30 e 90 dias de período de infestação, tendo depois aumentado ligeiramente para 12,33 mg/1g após 18 dias. A diminuição e o aumento correspondentes no teor de proteínas da farinha de trigo infestada foram comparativamente maiores do que os observados nos grãos. Durante o período de infestação por ácaros, o teor de proteínas diminuiu de 12,56 no dia 0 para 11,85 mg/1g após 30 dias, tendo depois aumentado continuamente para 12,63 e 13,9 mg/1g após 90 e 180 dias de infestação por T. putrescentiae, devido ao elevado aumento da população na farinha de trigo infestada, como se pode ver no Quadro 3.

1.4. Efeito da infestação de ácaros na germinação de sementes de trigo

O presente estudo foi realizado para verificar o impacto da população de T. putrescentiae na germinação de sementes de grãos de trigo. Foram efectuados testes de germinação em grãos infestados aos 0, 30, 90 e 180 dias do período de infestação. Estes testes foram efectuados segundo procedimentos de germinação normais. As sementes germinadas, as sementes mortas, as sementes anormais e a percentagem de germinação foram calculadas em todos os períodos de observação. Os resultados obtidos foram resumidos nos quadros 16-17.

A leitura dos dados na Tabela 16 revela que, no dia 0, de 150 sementes, 143 sementes estavam germinadas, uma semente foi registada como morta e seis eram sementes anormais. O número de sementes germinadas foi estatisticamente maior no dia 0 (143 sementes) em comparação com 93 e 60 sementes aos 30 e 90 dias de infestação, respetivamente. Estes foram estatisticamente significativos entre si (CD =10,72; p=0,05) (Tabela 16). Durante esses períodos, a população de ácaros correspondente foi de 135,33 e 414,33 ácaros/100 g de grãos, respetivamente. Um número significativamente menor de sementes germinadas (34) foi registado em 180 dias de grãos infestados, mostrando a maior população de T putrescentiae (1377,66 ácaros/100 g de grãos).

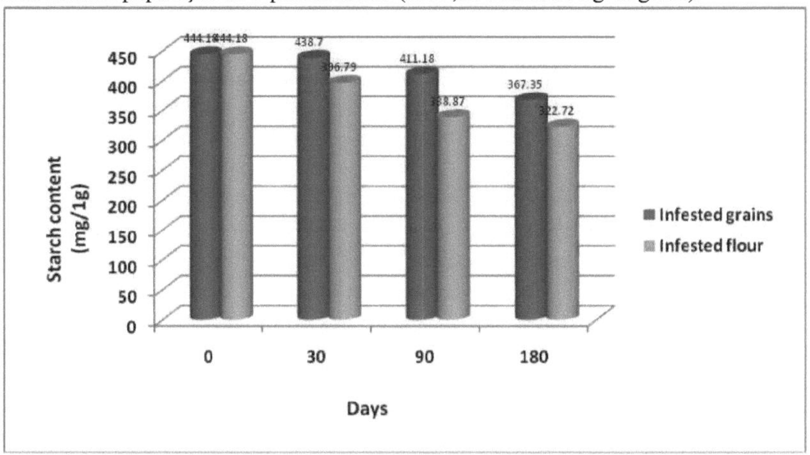

Fig. 7: Efeito da infestação por Tyrophagus putrescentiae no teor de amido do trigo

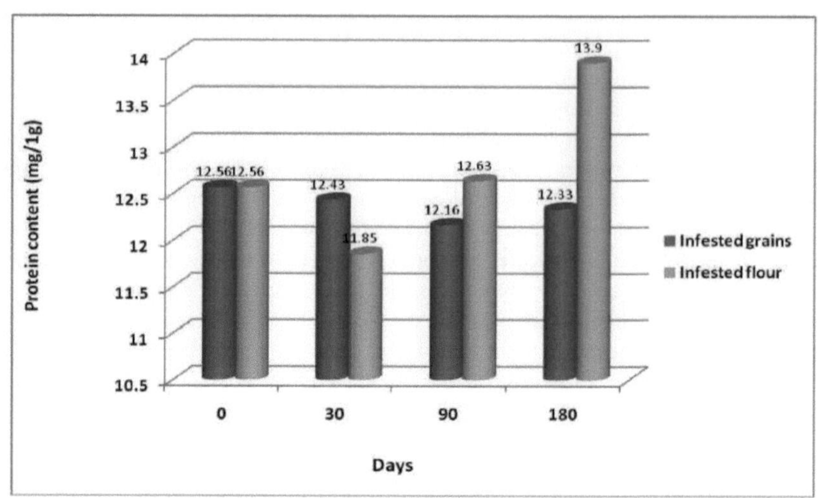

Fig. 8: Efeito da infestação por Tyrophagus putrescentiae no teor de proteínas do trigo

Quadro 16: Efeito da infestação de ácaros na germinação de sementes de trigo

Number of days of infestation	No. of mites/ 100g grain	Germinated seeds*	Dead seeds	Abnormal seeds	Per cent germination	Loss of germination (%)
0	0.00	143.00	1.00	6.00	95.33	4.67
30	135.33	93.00	49.00	8.00	62.00	38.00
90	414.33	60.00	81.00	9.00	40.00	60.00
180	1377.66	34.00	107.00	9.00	22.66	77.34
SE(m)	-	3.23	2.93	1.14	2.10	
C.D. (p=0.05)		10.72	9.73	NA	6.98	

Os números correspondem à média de 150 sementes mantidas para germinação

Durante o período de estudo, 6, 8, 9 e 9 sementes entraram na categoria de sementes anormais aos 0, 30, 90 e 180 dias. Estes foram estatisticamente comparáveis entre si (Tabela 16). O número de sementes mortas foi mínimo (1 semente) aos 0 dias e aumentou significativamente para 49 sementes após 30 dias de infestação, seguido por 81 e 107 sementes mortas após 90 e 180 dias, respetivamente (CD = 9,73; p = 0,05).

O efeito significativo do período de observação também foi observado no caso da percentagem de germinação. A percentagem máxima de germinação (95,33%) foi registada ao 0 dia. À medida que a população de T. putrescentiae aumentou de 100 pares da contagem inicial para 1377,66 ácaros/100g de grãos aos 180 dias, observou-se uma diminuição significativa da germinação aos 30 (62%), 90 (40%) e 180 (22,66%) dias (CD = 6,98; p = 0,05). Isto também foi demonstrado com a ajuda de fotografias, nas quais se observou uma germinação fraca em sementes infestadas (Placa XVI) e nenhuma germinação em sementes altamente infestadas (Placa XVII) em comparação com a germinação em grãos não infestados após quatro (Placa XVIII) e oito (Placa XIX) dias. A perda percentual devido à população de T. putrescentiae em diferentes períodos foi registada como 4,67, 38, 60 e 77,34% após 0, 30, 90 e 180 dias.

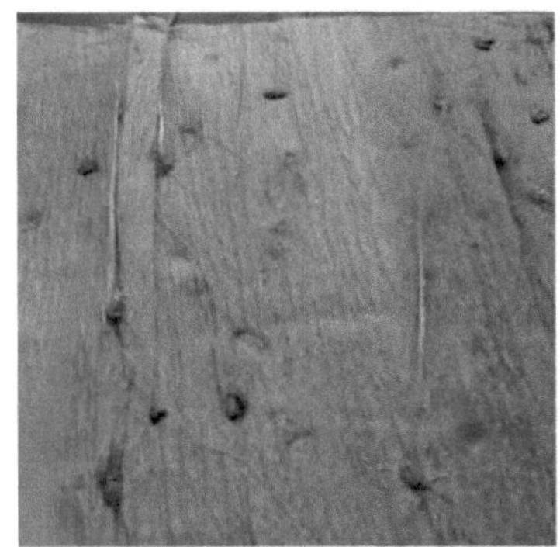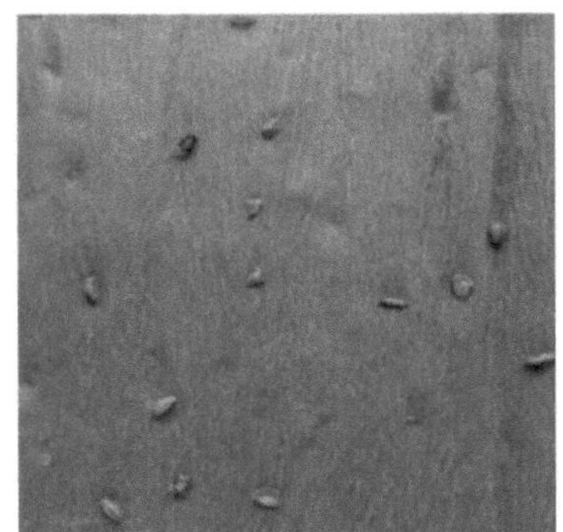

Placa XVI: Germinação deficiente
Placa XVII: Sem germinação

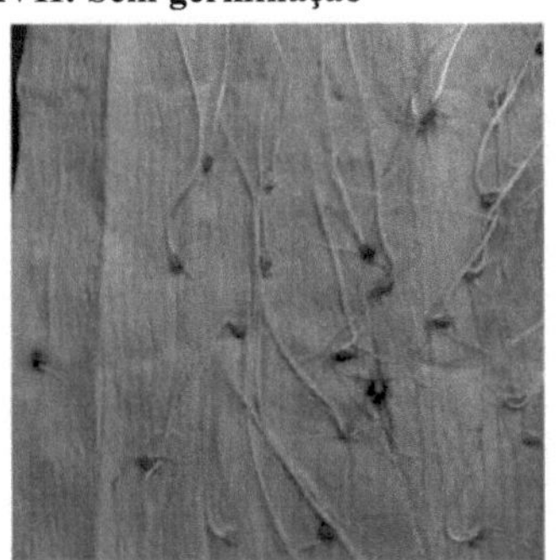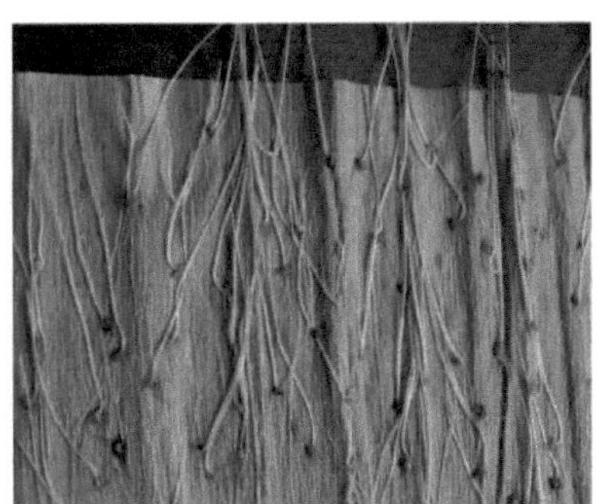

Placa XVIII: Germinação após quatro dias
Placa XIX: Germinação após oito dias

4.5. Efeito da infestação de ácaros no comprimento da raiz e do rebento do trigo

Dados sobre o efeito da população de T. putrescentiae no comprimento de plântulas em grãos de trigo (Tabela 17) mostraram que o comprimento médio de plântulas foi significativamente mais alto em grãos não infestados (9,80 cm), seguido por 8,4, 6,0 e 5,3 cm em grãos infestados por 30, 90 e 180 dias, respetivamente (CD = 1,12; p=0,05). Entre as quatro durações de infestação, as duas últimas durações são estatisticamente comparáveis entre si.

Quadro 17: Efeito da infestação de ácaros no comprimento da raiz e do rebento do trigo

Number of days of infestation	Total length of seedling (cm)	Root Length[**] (cm)	Shoot Length[**] (cm)	Vigour Index[*]
0 (control)	9.80	4.40[a]	5.40[a]	934.23
30	8.40	3.60[a]	4.80[a]	520.80
90	6.00[a]	2.30[b]	3.70[b]	240.00
180	5.30[a]	2.10[b]	3.20[b]	120.10
SE(m)	0.34	0.35	0.27	35.56
C.D. (p=0.05)	1.12	1.17	0.91	117.78

1 Índice de Vigor = Germinação (%) x Comprimento da plântula (cm)
1 Os valores são médias de 50 observações

Valores com o mesmo sobrescrito nas colunas não diferem significativamente

A leitura dos dados no Quadro 17 revela que o comprimento da raiz foi mais elevado no período de infestação de 0 dias (4,4 cm) (Quadro 17), seguido de 3,6 cm em grãos de trigo infestados durante 30 dias; os valores são estatisticamente iguais entre si (CD= 1,17; p=0,05). O comprimento da raiz diminuiu significativamente para 2,3 e 2,1 cm após 90 e 180 dias de grãos infestados, respetivamente. Ambos os comprimentos de raiz não mostraram diferença significativa entre si, o que significa que em 90 dias as sementes já estavam danificadas a tal ponto que mais danos compraram uma diferença não significativa.

O comprimento médio do rebento foi mais elevado (5,4 cm) no período de infestação de 0 dias, que foi estatisticamente igual ao comprimento do rebento observado em plântulas desenvolvidas a partir de grãos de trigo infestados com 30 dias (4,8 cm) (CD = 0,91; p=0,05) (Quadro 17). Nos grãos de trigo infestados durante 90 dias, o comprimento médio do rebento foi de 3,7 cm, significativamente inferior ao comprimento do rebento registado nas sementes desenvolvidas a partir de grãos de trigo infestados durante 0 e 30 dias grãos. De acordo com a tendência do comprimento da raiz, o comprimento do rebento desenvolvido a partir de grãos de trigo infestados com 90 dias foi estatisticamente comparável ao comprimento do rebento (3,2 cm) em grãos infestados com T. putrescentiae durante 180 dias.

O Índice de Vigor calculado a partir da porcentagem de germinação das sementes e do comprimento das plântulas mostrou o maior Índice de Vigor (934,23) em grãos infestados com 0 dias (Tabela 17). Seguiram-se 520,8, 240 e 120,1 índices de vigor calculados em grãos de trigo infestados aos 30, 90 e 180 dias. Houve uma diferença significativa nos valores deste parâmetro nos diferentes períodos de observação (CD= 117,78; p=0,05).

4.6 Eficácia dos produtos botânicos contra Tyrophagus putrescentiae em grãos armazenados

As folhas em pó de Withania somnifera, Pongamia pinnata e Azadirachta indica foram submetidas a bioensaios para determinar a sua atividade acaricida contra T. putrescentiae em grãos de trigo, em condições normalizadas (27±1⁰ C, 80-85% HR) no laboratório. Os efeitos do pó destes produtos botânicos no número médio de ácaros vivos e na percentagem de redução da população estão resumidos nos Quadros 18 a 22 e na Fig. 9. Os grãos não tratados foram mantidos como controlo. Os resultados do bioensaio revelaram claramente que estes pós botânicos possuíam atividade acaricida contra T. putrescentiae.

4.6.1 Pó de folhas de Withania somnifera

Os dados apresentados na Tabela 18 referem-se a populações mistas de T. putrescentiae em grãos de trigo tratados com W. somnifera em diferentes tempos de investigação. Os grãos não tratados apresentavam um número significativamente maior de T. putrescentiae por 100 g de grãos (161,89 ácaros) em comparação com os grãos tratados. Os ácaros responderam ao pó de folhas de W. somnifera de uma forma dependente da concentração, ou seja, o menor número de ácaros vivos e a maior redução da população foram obtidos com a maior concentração de pó testada (2%), seguida de 1, 0,7, 0,6, 0,5 e tratamento de grãos não tratados (Quadro 18). De um número inicial de 100 pares de ácaros, registou-se um número significativamente menor de ácaros (nulo) nas concentrações de 2 e 1 por cento do que nos outros tratamentos e no controlo (CD=0,42; p=0,05).

Table 18: Eficácia do pó de folhas de Withania somnifera contra Tyrophagus putrescentiae em grãos de trigo

Concentrations (%)	Number of mites after*			
	15 days	30 days	45 days	Mean
2.00	0.00 (1.00)	0.00 (1.00)	0.00 (1.00)	0.00 (1.00ᵃ)
1.00	0.00 (1.00)	0.00 (1.00)	0.00 (1.00)	0.00 (1.00ᵃ)
0.70	39.00 (6.26)	59.00 (7.72)	136.30 (11.68)	78.10 (8.56)
0.60	49.30 (7.07)	73.30 (8.10)	164.00 (12.83)	95.53 (9.50)
0.50	61.60 (7.90)	94.00 (9.74)	205.60 (14.37)	120.40 (10.67)

Control	102.33	135.33	248.00	161.89 (12.49)
(untreated wheat grains)	(10.13)	(11.66)	(15.67)	
Mean	42.04 (5.56)	60.27 (6.81)	125.65 (9.43)	

Os números entre parênteses são a transformação $\wedge n +1$
CD (p=0,05) para Concentração = (0,42); SE(m) = (0,14)
CD (p=0,05) para Período de Observação = (0,54); SE(m) = (0,18)
CD (p=0,05) para Concentração x Período de Observação = (0,95); SE(m) = (0,32)
Valores com o mesmo sobrescrito não diferem significativamente

Os resultados pós-tratamento revelaram um número significativamente menor de ácaros de 0 a 120,4 ácaros nas concentrações de 2 a 0,5 por cento. Todas as concentrações foram significativamente diferentes entre si em termos de número de T. putrescentiae no final da experimentação, exceto as duas primeiras concentrações. A duração do tratamento mostrou alterações significativas na população de ácaros. No primeiro dia de amostragem (15 dias), as contagens de T. putrescentiae permaneceram significativamente baixas (42,04 ácaros) (Quadro 18).

Posteriormente, os números aumentaram significativamente (CD=0,54; p=0,05) em cada período de amostragem, mostrando 60,27 e 125,65 ácaros após 30 e 45 dias após o tratamento. Foi observada uma interação estatisticamente significativa entre as concentrações e os períodos de observação (CD = 0,95; p = 0,05) (Quadro 18), o que indica que todos os tratamentos foram significativamente melhores do que o tratamento de controlo.

Observaram-se contagens significativamente mais baixas de 0 a 61,6 ácaros na concentração de 2 a 0,5 por cento de pó de W. somnifera após 15 dias de pós-tratamento, o que foi estatisticamente melhor do que o controlo.

4.6.2 Pó de folhas de Pongamia pinnata

Os dados do quadro 19 revelaram que o número de ácaros vivos foi significativamente inferior nos grãos de trigo tratados com P. pinnata, em comparação com o tratamento de controlo (grãos não tratados). Em termos de tratamento, as concentrações mais elevadas (2 e 1%) foram significativamente (CD = 0,36; p = 0,05) mais eficazes, uma vez que não apresentaram contagens de T. putrescentiae em comparação com a contagem inicial antes do tratamento (100 pares de ácaros) e outros tratamentos, incluindo o controlo (161,80 ácaros).

Table 19: Eficácia do pó de folhas de Pongamia pinnata contra Tyrophagus putrescentiae em grãos de trigo

| Concentrations | Number of mites after[a] | | | |
(%)	15 days	30 days	45 days	Mean
2.00	0.00 (1.00)	0.00 (1.00)	0.00 (1.00)	0.00 (1.00[a])
1.00	0.00 (1.00)	0.00 (1.00)	0.00 (1.00)	0.00 (1.00[a])
0.70	52.00 (7.25)	112.60 (10.63)	165.30 (12.88)	109.97 (10.25)
0.60	67.00 (8.23)	126.00 (11.25)	204.30 (14.32)	132.43 (11.27)
0.50	84.00 (9.21)	153.30 (12.41)	238.00 (15.45)	158.43 (12.36[b])
Control	102.33	135.33	248.00	161.89 (12.49[b])
(untreated wheat grains)	(10.13)	(11.66)	(15.67)	
Mean	50.89 (6.14)	87.87 (7.99)	142.60 (10.06)	

Os números entre parênteses são a transformação $\wedge n +1$
CD (p=0,05) para Concentração = (0,36); SE(m) = (0,12)
CD (p=0,05) para Período de Observação = (0,47); SE(m) = (0,16)

CD (p=0,05) para Concentração x Período de Observação = (0,82); SE(m) = (0,28)
Valores com o mesmo sobrescrito não diferem significativamente

Estas duas concentrações foram estatisticamente comparáveis. Entre outros tratamentos, as concentrações de 0,7 (10,25 ácaros) e 0,6 (11,27 ácaros) por cento foram significativamente melhores do que os grãos não tratados (Quadro 19).

No entanto, a concentração mais baixa (0,5%) foi igual ao tratamento de controlo em termos de contagens de T. putrescentiae (158,43 ácaros). Estes estudos também revelaram a ação dependente da concentração de P. pinnata, de acordo com a tendência anterior no pó de W. somnifera. A duração do tratamento também afectou significativamente a eficácia do tratamento. O efeito dos tratamentos com P. pinnata em T. putrescentiae foi mais potente aos 15 dias após o tratamento (50,89 ácaros) em comparação com outros períodos de observação (Quadro 19). Mostrou um aumento significativo nas contagens de T. putrescentiae aos 30 (87,87 ácaros) e 45 dias após o tratamento (142,60 ácaros) (CD= 0,47; p=0,05).

A ANOVA revelou uma interação significativa entre os tratamentos e os períodos de observação. Os ácaros foram significativamente mais baixos nos níveis de concentração mais elevados (2 e 1%) de cada período de observação em comparação com outras concentrações (CD=0,82; p=0,05) (Quadro 19). Foram registadas contagens significativamente mais baixas de T. putrescentiae (0 a 84 ácaros em concentrações de 2 a 0,5 %) após 15 dias, em comparação com 102,33 ácaros no controlo. As contagens variaram entre 0 e 126 ácaros (2 a 0,6%) aos 30 dias após o tratamento, em comparação com 135,33 ácaros em grãos não tratados. Da mesma forma, as contagens de T. putrescentiae aos 45 dias após o tratamento foram de 0, 0, 165,3 e 204,3 ácaros (2 a 0,6%), que foram significativamente inferiores às contagens registadas no trigo não tratado (248 ácaros) no mesmo período.

4.6.3 Pó de folhas de Azadirachta indica

Também foram testadas cinco concentrações de pó de folhas de A. indica a 2, 1, 0,7, 0,6 e 0,5 por cento contra T. putrescentiae em grãos de trigo. Os resultados indicaram claramente que os tratamentos permaneceram eficazes até 45 dias (Quadro 20). Os ácaros responderam aos tratamentos de uma forma dependente da concentração, ou seja, o menor número de ácaros vivos e a maior redução da população foram obtidos com a maior concentração de pó testada (2%), seguida de 1, 0,7, 0,6, 0,5 e tratamento de grãos (Quadro 20). Independentemente da duração, todos os tratamentos controlaram significativamente a população de ácaros, como é evidente pela média dos tratamentos (0,0, 0,0, 80,1, 95,8, 112,5 ácaros a 2, 1, 0,7, 0,6, 0,5 % de concentração) em comparação com o controlo (161,89 ácaros) (CD= 0,33; p=0,05).

A duração do tratamento também mostrou um efeito significativo na população de ácaros. No primeiro dia de amostragem (15 dias), as contagens de T. putrescentiae permaneceram significativamente baixas (47,04 ácaros) (Quadro 20). Depois disso, os números aumentaram significativamente (CD=0,43; p=0,05) em cada período de amostragem, mostrando 61,04 e 117,08 ácaros após 30 e 45 dias após o tratamento. A interação foi estatisticamente significativa entre tratamentos e períodos de observação (CD = 0,74; p = 0,05) (Quadro 20), o que indica que todos os tratamentos foram significativamente melhores do que o tratamento de controlo. Foram observadas contagens significativamente mais baixas de 0 a 72,3, 0 a 90,6 e 174,6 ácaros com concentrações de 2 a 0,5 por cento de pó de A. indica após 15, 30 e 45 dias de pós-tratamento, respetivamente, o que foi estatisticamente melhor do que a população de ácaros no controlo (102,33, 135,33 e 248 ácaros) durante os mesmos períodos.

A comparação do potencial do pó de folhas de Withania somnifera, Pongamia pinnata e Azadirachta indica na redução da populáćo de T. putrescentiae em diferentes períodos de tempo está representada em forma de gráfico (Fig. 9).

Entre estes pós botânicos, Azadirachta indica foi mais eficaz na redução da população de ácaros em todas as concentrações testadas. No entanto, tanto o pó de W. somnifera como o de P. pinnata também foram eficazes na redução da população de T. putrescentiae, em comparação com os grãos não tratados que serviram de controlo.

Quadro 20: Eficácia do pó de folhas de Azadirachta indica contra Tyrophagus putrescentiae em grãos de trigo

Concentrations	Number of mites after*			
(%)	15 days	30 days	45 days	Mean
2.00	0.00 (1.00)	0.00 (1.00)	0.00 (1.00)	0.00 (1.00)
1.00	0.00 (1.00)	0.00 (1.00)	0.00 (1.00)	0.00 (1.00)
0.70	48.00 (6.99)	63.00 (7.98)	129.30 (11.38)	80.10 (8.79)
0.60	59.60 (7.77)	77.30 (8.84)	150.60 (12.30)	95.83 (9.64)
0.50	72.30 (8.55)	90.60 (9.56)	174.60 (13.25)	112.50 (10.46)
Control	102.33	135.33	248.00	161.89 (12.49)
(untreated wheat grains)	(10.13)	(11.66)	(15.67)	
Mean	47.04 (5.91)	61.04 (6.68)	117.08 (9.10)	

Os valores entre parênteses são a transformação \n +1
CD (p=0,05) para Concentração = (0,33); SE(m) = (0,11)
CD (p=0,05) para Período de Observação = (0,43); SE(m) = (0,14)
CD (p=0,05) para Concentração x Período de Observação = (0,74); SE(m) = (0,25)
Valores com o mesmo sobrescrito não diferem significativamente

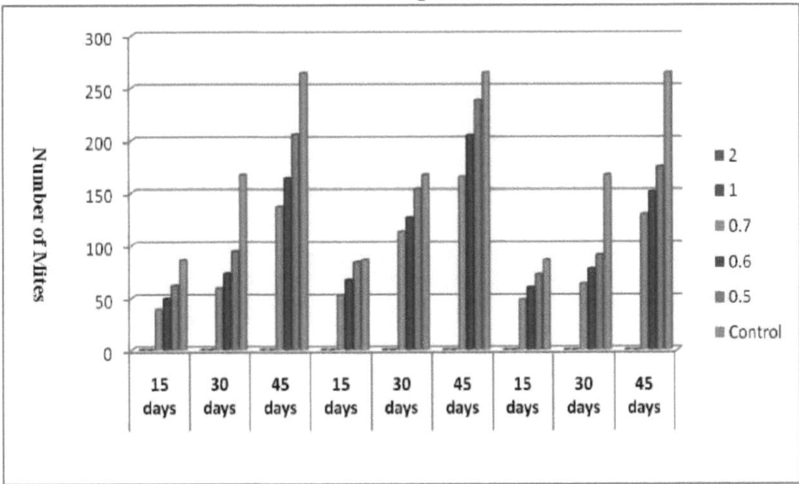

Fig. 9: Efeito do pó botânico na população de Tyrophagus putrescentiae em grãos de trigo
4.6.4 Avaliação comparativa de pós botânicos contra T. putrescentiae
Os dados relativos a três experiências factoriais (tratamentos x concentração x período de observação) são apresentados no quadro 21. A análise estatística revelou um efeito significativo dos tratamentos no desenvolvimento da população de T. putrescentiae nos grãos de trigo (CD= 0,59; p=0,05). Os resultados revelaram que a população máxima se desenvolveu em grãos não tratados (161,89 ácaros),

seguida por 55, 40,05 e 39,05 ácaros em grãos tratados com P. pinnata, A. indica e W. somnifera com 100 pares de ácaros como inóculo inicial. Estes diferiram significativamente entre si, exceto os dois últimos tratamentos que foram estatisticamente comparáveis entre si.

Quando se compararam os resultados relativos à acumulação da população de T. putrescentiae ao longo de observações quinzenais, registou-se um efeito significativo do período de observação (CD= 0,51; p=0,05) (quadro 21).

Independentemente do tratamento ou da concentração, verificou-se que o número de ácaros aumentou significativamente com cada período de observação. A contagem de ácaros foi de 42,95, 63,16 e 115,87 após 15, 30 e 45 dias de pós-tratamento, que diferiram significativamente entre si. Foram comparadas duas concentrações de cada tratamento botânico, o que mostrou que a concentração mais elevada (1%) foi mais potente na causa da mortalidade do que a concentração mais baixa (0,7%). Foi registado um número estatisticamente mais baixo de ácaros (40,47 ácaros) nos grãos tratados com uma concentração de 1% de pó botânico do que com uma concentração de 0,7% (107,52 ácaros) (CD= 0,42; p= 0,05) (Quadro 21).

As observações quinzenais sobre a acumulação da população de T. putrescentiae nos grãos de trigo revelaram uma interação significativa entre o tratamento e o período de observação (CD= 1,03; p= 0,05). Em cada período de observação (15, 30 e 45 dias), verificou-se que a população de ácaros era significativamente inferior em cada tratamento, em comparação com os grãos não tratados que serviram de controlo.

No entanto, os números de ácaros em cada um dos três tratamentos botânicos foram estatisticamente iguais entre si. Obteve-se uma interação significativa entre o tratamento e a concentração (CD= 0,84; p= 0,05) (Quadro 21). Os ácaros foram significativamente mais baixos na concentração mais alta (0 ácaro) de cada tratamento botânico em comparação com a concentração mais baixa (0,7%) de W. somnifera (78,11 ácaros), A. indica (80,11 ácaros), P. pinnata (110 ácaros) e controlo (161,89 ácaros). Os dois primeiros tratamentos botânicos foram estatisticamente comparáveis.

A interação entre a concentração e o período de observação também se revelou significativa (CD= 0,73; p= 0,05) (Quadro 21). Em cada período de observação, a concentração mais elevada albergou a população mínima de ácaros (25,58, 33,83 e 62 ácaros após 15, 30 e 45 dias após o tratamento) em comparação com a concentração mais baixa, como se pode ver pelos valores médios agrupados (60,33, 92,5 e 169,75 ácaros após 15,30 e 45 dias após o tratamento). Numa concentração mais elevada, a contagem de ácaros após 15 e 30 dias após o tratamento não difere significativamente entre si. Foi observada uma interação significativa entre os tratamentos vs. concentração vs. período de observação.

A proteção dos grãos de trigo contra Tyrophagus putrescentiae após diferentes tratamentos com pó botânico também foi calculada e apresentada na Tabela 22. O pó de folhas de A. indica proporcionou uma redução populacional de 15,9 a 100,00, 45,7 a 100,00 e 33,9 a 100,00 por cento contra T. putrescentiae após 15, 30 e 45 dias de pós-tratamento. Da mesma forma, o pó da folha de P. pinnata proporcionou uma redução de 2,3 a 100,00, 8,2 a 100,00 e 9,8 a 100,00 por cento da população contra T. putrescentiae após 15, 30 e 45 dias de pós-tratamento. Da mesma forma, o pó de folhas de W. somnifera proporcionou 28,4 a 100,00, 43,7 a 100,00 e 22,1 a 100,00 por cento de redução da população contra T. putrescentiae após 15, 30 e 45 dias de pós-tratamento.

Quadro 21: Suscetibilidade comparativa dos pós botânicos contra *Tyrophagus putrescentiae* em grãos de trigo

Treatments (T)	Number of mites								Mean (T×OP)			Pooled mean (T)
	Concentration (1.0%) (C)				Concentration (0.7%) (C)							
	Observation period (OP)			Mean (T×C)	Observation period (OP)			Mean (T×C)	15days	30days	45days	
	15days	30days	45days		15days	30days	45days					
Withania somnifera	0.00 (1.00)	0.00 (1.00)	0.00 (1.00)	0.00 (1.00[a])	39.00 (6.26)	59.00 (7.72)	136.00 (11.68[a])	78.11 (8.55)	19.50 (3.63[a])	29.50 (4.36[a])	68.16 (6.34[a])	39.05 (4.77[a])
Pongamia pinnata	0.00 (1.00)	0.00 (1.00)	0.00 (1.00)	0.00 (1.00[a])	52.00 (7.25)	112.66 (10.63)	165.33 (12.88)	110.00 (10.25)	26.00 (4.12[a])	56.33 (5.81[a])	82.66 (6.94[a])	55.00 (5.62)
Azadirachta indica	0.00 (1.00)	0.00 (1.00)	0.00 (1.00)	0.00 (1.00[a])	48.00 (6.99)	63.00 (7.98)	129.33 (11.38[a])	80.11 (8.78)	24.00 (3.99[a])	31.50 (4.49[a])	64.66 (6.19[a])	40.05 (4.89[a])
Untreated Grains	102.33 (10.13)	135.33 (11.66)	248.00 (15.67)	161.89 (12.49)	102.33 (10.13)	135.33 (11.66)	248.00 (15.67)	161.89 (12.49)	102.33 (10.13)	135.33 (11.66)	248.00 (15.67)	161.89 (12.49)
Mean (C × OP)	25.58 (3.28[a])	33.83 (3.66[a])	62.00 (4.66)		60.33 (7.66)	92.50 (9.50)	169.75 (12.90)					
Pooled mean (C)				40.47 (3.87)				107.52 (10.02)				
Pooled mean (OP)									42.95 (5.47)	63.16 (6.58)	115.87 (8.78)	

Os valores entre parênteses são a transformação ^n+1

CD (p=0,05) para Tratamentos (T) = 0,59 CD (p=0,05) para Concentração (C) = 0,42 CD (p=0,05) para Período de Observação (OP) = 0,51 CD (p=0,05) para T x C= 0,84 CD (p=0,05) para T x OP= 1,03 CD (p=0,05) para C x OP = 0,73 CD (p=0,05) para TxC x OP = 1,46

Os valores com o mesmo sobrescrito na coluna e na linha não diferem significativamente

Os tratamentos forneceram 100% de proteção contra a infestação de T. putrescentiae até 45 dias após o tratamento em concentrações mais elevadas (2 e 1%). Isto mostrou que a eficácia destes tratamentos em relação ao controlo de T. putrescentiae era comparável (Quadro 22).

Quadro 22: Proteção dos grãos de trigo contra Tyrophagus putrescentiae após tratamento com pó botânico

Concentration (%)	Protection against *Tyrophagus putrescentiae* (%)								
	Withania somnifera			*Pongamia pinnata*			*Azadirachta indica*		
	15 days	30 days	45 days	15 days	30 days	45 Days	15 days	30 days	45 days
2.00	100.0	100.0	100.0	100.0	100.0	100.0	100.0	100.0	100.0
1.00	100.0	100.0	100.0	100.0	100.0	100.0	100.0	100.0	100.0
0.70	54.7	64.7	48.4	39.5	32.6	37.4	44.2	62.3	51.0
0.60	42.7	56.1	37.9	22.1	24.6	22.6	30.7	53.7	43.0
0.50	28.4	43.7	22.1	2.3	8.2	9.8	15.9	45.7	33.9

CAPÍTULO 5
DISCUSSÃO

Tyrophagus putrescentiae Schrank é uma praga comum e grave de grãos armazenados, incluindo trigo, em todo o mundo, devido à sua capacidade de tolerar baixa humidade e uma vasta gama de temperaturas (Hughes 1976). Pode causar problemas a muitos géneros alimentícios, desde a redução do peso e a degradação dos alimentos armazenados até à acumulação de resíduos nocivos (fungos, ácaros mortos, fezes, ovos e pedaços de alimentos) através das suas actividades (Hughes 1976; Zdarkova 1991). Isto faz com que o armazenamento de cereais infestados seja anti-higiénico. Em todo o mundo, existe uma tendência crescente entre os compradores de cereais para uma tolerância zero a estes contaminantes. Alguns países definiram legalmente uma tolerância zero para os insectos armazenados. O presente estudo procurou realizar estudos sistémicos sobre a deterioração quantitativa e qualitativa dos grãos de trigo devido à infestação por T. putrescentiae durante seis meses de armazenamento. Os produtos botânicos com atividade acaricida contra os ácaros fitófagos foram avaliados contra os ácaros armazenados. Os resultados obtidos nas várias facetas deste estudo foram discutidos e apresentados neste capítulo à luz da informação já disponível sobre este assunto.

5.1 Impacto do período de infestação no desenvolvimento de T. putrescentiae

O aumento dos danos nos grãos devido ao aumento do período de infestação da praga foi relatado por muitos trabalhadores (Ahmad et al., 1986). Observaram um elevado grau de correlação positiva entre o desenvolvimento da descendência de insectos armazenados e o nível de infestação. Uma tendência semelhante foi anteriormente observada nas leguminosas (Singh e Gulati, 2001) e no trigo (Singh, 1990). Verifica-se um aumento constante da população em condições óptimas de temperatura e humidade, até que a fonte de alimento se esgote (Singh, 1990). Este último indicou que a infestação inicial de 2500 ácaros/ 10 g de grão conduziu a uma população significativamente mais elevada de Suidasia nesbitti num período de estudo de três meses do que a população formada com 500 ácaros como inóculo inicial. Ashfaq et al. (1995) e Franz et al. (1997) também registaram uma tendência semelhante com a infestação de ácaros. A duração da infestação também foi um parâmetro significativo para o aumento da população de T. putrescentiae. O menor número de ácaros foi registado por Anita (2010) em flocos e grãos de aveia após 15 dias de inoculação inicial. O número aumentou significativamente aos 30 e 45 dias após a inoculação inicial. De acordo com estes resultados, durante o presente estudo, a população média de T. putrescentiae em grãos/farinha de trigo aumentou significativamente em cada período de observação. Nos grãos e na farinha, situou-se entre 135,33 e 1377,66 e 467,80 e 5833,40 ácaros/100g de grãos ou farinha após 30, 60, 90, 120, 150 e 180 dias da contagem inicial de 100 ácaros. De acordo com Anita (2010), o nível de infestação inicial afectou significativamente a população de ácaros em cada período de observação. Foram registados números estatisticamente mais elevados de ácaros durante o nível de infestação inicial de 60 ácaros (p=0,05), seguidos de ácaros com 40 e 20 ácaros de inoculação inicial, respetivamente, em todos os quatro grãos alimentares testados. Os presentes resultados podem ser comparados com os de Farhan et al. (2013), que referiram que as alterações na qualidade dos grãos de milho eram mais proeminentes quando os grãos armazenados eram infestados com ácaros Rhizoglyphus tritici e armazenados durante 120 dias, em comparação com 30 dias de armazenamento. A variedade de trigo Lasani-08, quando infestada por níveis variáveis de infestação de ácaros em condições laboratoriais, mostrou alterações na qualidade dos grãos de trigo em termos de características físicas e químicas e de qualidade da farinha após seis meses, quando tinha o maior número de ácaros (7513) (Bashir et al., 2013).

5.2 Adequação da fonte alimentar

A adequação do alimento à praga é um fator importante responsável pela deterioração do grão em condições óptimas de temperatura e humidade. A fecundidade elevada (2117,30 ovos/100g de trigo) e a população móvel (3605,53 ácaros/100 g de trigo) foram observadas aos 180 dias durante o presente estudo, o que mostrou que estes alimentos eram atractivos para o ácaro. Yoshizawa et al. (1970; 1971; 1972), Zdarkova (1971) e Vanhaelen et al. (1980) atribuíram a atratividade de diferentes produtos alimentares à presença de alguns componentes voláteis e à capacidade dos ácaros para distinguir os seus odores. Zdarkova (1974) também estudou a preferência alimentar de T. putrescentiae em termos de orientação dos ácaros em direção ao alimento. O pó de levedura seca foi o melhor para C. berlesei, que mostrou um bom efeito de promoção do crescimento (Maurya et al., 1983), ao passo que o desenvolvimento máximo de A. siro foi observado no queijo cheddar e o mais pobre na cultura esterilizada do bolor, R. versucosum (Peace, 1983). De acordo com Pankiewicz-Nowicka e Boczek (1984), o comportamento alimentar do ácaro é também determinado pelos atractivos gustativos, que parecem ser uma mistura de componentes. Wooley (1988) também confirmou que as fêmeas começam a sintetizar e a armazenar a feromona sexual logo após a muda, mas não libertam a substância química até serem estimuladas pela alimentação.

5.3 Preferência comparativa pela forma do grão

A forma do grão também contribui de forma formidável para a adequação do desenvolvimento dos ácaros e para a subsequente constituição da população. Nos grãos inteiros, é difícil para os ácaros penetrarem nos grãos sãos para se alimentarem, o que resulta numa baixa infestação. Como foi demonstrado por Singh (1990), os ácaros atacam primeiro a parte germinal, que é frequentemente a parte mais mole. À medida que os grãos inteiros se transformam em grãos mais finos, ou seja, quebrados e moídos, a infestação aumenta. Nos grãos inteiros, a população é muito reduzida, mas a infestação aumenta significativamente à medida que a natureza do meio (grão) se torna mais fina, ou seja, os grãos partidos e moídos. Deve salientar-se aqui que 90 por cento dos grãos são sujeitos a escarificação durante o manuseamento pós-colheita (Sowunmi et al., 1982; Suhargo e Dharmawati, 1985). Assim, as probabilidades de incidência de ácaros são subjetivamente mais elevadas, mesmo nos locais de armazenamento doméstico e noutros locais de armazenamento comercial.

Durante a presente investigação, entre os dois, a farinha de trigo foi considerada significativamente melhor, uma vez que se registou um maior número de ácaros (2517,73 ácaros/100g de farinha) e de ovos (1742,73 ovos/100g de farinha) do que no trigo em grão (643,16 ácaros e 519,87 ovos/100g de grão). Na farinha, logo após o contacto inicial, verificou-se uma resposta alimentar espontânea aos grãos alimentares acima referidos. Esta reação manteve-se até ao fim da experiência. Nos grãos, os ácaros demoraram algum tempo a penetrar na parte do gérmen do grão, que era a parte mais mole. Ensaios controlados de alimentação, realizados anteriormente com grãos inteiros, meio grão e apenas com o gérmen, mostraram que o ácaro prefere a parte germinal dos grãos e alimenta-se indiscriminadamente dela, consumindo-a completamente (Singh, 1985). Kohli e Mathur (1994) também registaram uma população mais elevada de T. putrescentiae na forma de farinha de trigo, amendoim, milho painço e grama vermelha, seguida de grãos partidos e inteiros. Além disso, verificou-se que os ácaros completam o seu ciclo de vida mais cedo na forma de farinha, em comparação com os grãos inteiros. A aveia armazenada é suscetível de ser infestada por um certo número de insectos nocivos (Ingemansen et al., 1986). Sinha (1969, 1991) referiu que a aveia rachada era mais suscetível do que a aveia inteira. A duração do desenvolvimento foi mais curta e o número de descendentes produzidos foi maior em aveia rachada do que em aveia inteira (Throne et al., 2003). Anita (2010) também observou que os flocos de aveia eram preferidos em relação aos grãos inteiros e concluiu que os flocos oferecem uma área de superfície muito maior ao ácaro, especialmente da porção germinal, proporcionando assim mais de um sítio recetor para penetração. Isto torna os flocos mais acessíveis ao ataque dos ácaros do que os grãos inteiros.

5.4 Impacto da infestação por T. putrescentiae no peso do grão

Durante o presente estudo, entre as duas formas de trigo, a percentagem de perda de peso foi significativamente maior (1,92%) na farinha de trigo, em comparação com o grão de trigo (0,73%). Foi registada uma correlação positiva altamente significativa entre a população de T. putrescentiae e a perda de peso nos grãos de trigo (r= 0,98) e na farinha (r= 0,94). Muitos estudos demonstraram que as espécies de ácaros dos grãos armazenados atacam o gérmen e consomem uma porção muito pequena do grão restante, causando assim até apenas 3% de redução de peso (Solomon, 1946). Foi já referido que os ácaros se alimentam aproximadamente do seu peso corporal diariamente (Hughes, 1976). De acordo com trabalhadores anteriores, foram observadas perdas de peso significativas de grãos e sementes oleaginosas causadas pela alimentação dos ácaros em experiências laboratoriais (Rodionov, 1940; Solomon, 1946; Zdarkova e Reska, 1976). Nos grãos de trigo, os ácaros destroem sobretudo o gérmen e só excecionalmente o endosperma (Solomon, 1946).

Os danos causados pelos ácaros foram por vezes atribuídos a insectos maiores. Os ácaros foram ignorados devido ao seu pequeno tamanho e à sua cor pálida (Sinha, 1979). Em condições óptimas de 30°C e 75 % de humidade relativa, os ácaros multiplicam-se 500 vezes por mês (Hughes, 1976; Haines, 1991; Leong e Ho, 1995). Os surtos de ácaros, para além de causarem danos graves aos produtos armazenados (Kleih e Pike, 1995; Rajendran, 1994), aparecem como tapetes móveis de poeira castanha nos produtos, silos e pavilhões, causando desconforto aos trabalhadores. Zdarkova e Reska (1976) observaram que, numa quantidade limitada de substrato, o consumo médio de um indivíduo era indiretamente proporcional ao número de indivíduos na população. Verificou-se também que os ácaros são geralmente abundantes na forma de farinha dos grãos armazenados e que nos grãos inteiros e partidos se desenvolve uma população comparativamente menor (Yadav, 1989; Kohli e Mathur, 1994). Mas quando a população se estabelece nos grãos inteiros, contamina-os com os seus excrementos, dá-lhes um odor pungente (Mlodecki, 1958; 1960) e transforma-os numa massa pulverulenta (Yadav, 1989; Singh, 1990). Em infestações pesadas, T. *putrescentae* emite um cheiro húmido e pungente, o que lhe valeu o nome local de "ácaro com cheiro a limão" na Austrália (Nayak, 2006).

Paudel *et al.* (2004) também correlacionaram o tamanho do grão, as variedades e o teor de proteínas com o desenvolvimento da população, o que acabou por causar perda de peso. Ghosal *et al.* (2004), no entanto, atribuíram a perda de peso e a multiplicação de ácaros ao teor de fenol das leguminosas. Resultados semelhantes sobre a perda de peso foram registados por Kumar *et al.* (2008). De acordo com trabalhadores anteriores, foram observadas perdas de peso significativas de grãos e sementes oleaginosas causadas pela alimentação de ácaros em experiências laboratoriais. Em condições óptimas de 30 °C e 75 % de H.R., T. *putrescentiae* pode multiplicar-se 500 vezes por mês. Chakraborty et *al.* (2004) verificaram que o nível de infestação de C. *chinensis* em sementes de leguminosas era diretamente proporcional à população de adultos F1 e à % de infestação. Foi registada uma correlação positiva significativa aos 15 (r= 0,99), 30 (r= 0,93) e 45 (r= 0,97) dias entre a população de T. *putrescentiae* e a perda de peso (Kumar *et al.*, 2009). No entanto, Harish *et al.* (2012) atribuíram os danos do amendoim à densidade populacional de *Caryedon serratus*. A perda de peso média foi de 0,8, 1,6 e 2,2 % em grãos de aveia quando a população média de T. *putrescentiae* foi de 70,93, 129,6 e 198,4 ácaros, respetivamente (Anita *et al.*, 2013). Foi registada uma diminuição acentuada no peso de mil grãos quando os grãos de milho (Farhan et al., 2013) e de trigo (Bashir *et al.*, 2013) foram infestados com ácaros *Rhizoglyphus tritici*. Os ácaros mostraram uma correlação altamente significativa e negativa com o peso de mil grãos (-0,967) neste último estudo.

5.5 Impacto da infestação por T. putrescentiae no teor de açúcar do trigo

A infestação por ácaros é um problema bastante conhecido em grãos armazenados, influenciando muitas vezes a qualidade e a condição higiênica dos grãos. T. putrescentiae é uma das principais espécies de ácaros presentes em diversos produtos armazenados, causando perdas econômicas devido à redução do valor nutritivo dos grãos e do poder germinativo das sementes, além da disseminação de fungos e bactérias (Krantz, 1955; Hughes, 1976; Hubert et al., 2003). De acordo com as observações de White et al. (1979), a infestação de ácaros provoca alterações na composição química dos alimentos armazenados. No entanto, Throne et al. (2003) não conseguiram correlacionar o desenvolvimento de insectos na aveia com as propriedades químicas e físicas da aveia, mas referiram que os cereais integrais com grãos mais duros eram imunes aos insectos.

Durante a presente investigação, obteve-se uma correlação negativa significativa entre o número de ácaros e o teor de açúcares solúveis totais (r= - 0,95, -0,84), açúcares não redutores (r=-0,94, -0,84), amido (r= -0,98, -0,80) em grãos de trigo e farinha infestados, respetivamente. As perdas nos teores de açúcares solúveis totais foram de 1,98, 5,71 e 9,76 por cento nos grãos de trigo e de 8,24, 14,04 e 18,53 por cento na farinha de trigo após 30, 90 e 180 dias de infestação, respetivamente. Anita (2010) também registou uma diminuição significativa dos açúcares solúveis totais, do teor de amido e dos açúcares não redutores com o aumento do período de infestação por ácaros. Quanto maior a intensidade da infestação, maior foi a redução do teor de amido e de açúcares solúveis totais dos produtos infestados. A redução do teor de amido é uma consequência da hidrólise deste polissacárido.

Por outro lado, foi registada uma correlação positiva significativa entre a população de T. putrescentiae e os açúcares redutores nos grãos de trigo (r= 0,91) e na farinha (r= 0,84). Anita (2010) registou um aumento semelhante nos açúcares redutores, que corresponde ao aumento da duração da infestação por T. putrescentiae em flocos de aveia. O aumento acima referido nos teores de açúcares parece dever-se à hidrólise do amido, que resulta numa maior libertação e concentração de açúcares solúveis. Com a degradação do amido, os níveis de açúcar aumentaram com a infestação. O aumento dos açúcares redutores parece dever-se à mobilização e hidrólise dos polissacáridos da semente, o que leva a uma maior disponibilidade de açúcares redutores. Apesar do facto de o açúcar ser de grande importância do ponto de vista energético, a sua elevada concentração no grão é indesejável porque diminui os valores de moagem e cozedura. Mathur e Dalal (1989) demonstraram anteriormente que a sacarose é essencial para o crescimento e a reprodução dos ácaros e que a sua carência provoca um atraso no rácio de crescimento (PER) dos grãos alimentares (Swaminathan, 1977). Também se verificou que existe uma correlação positiva entre o número de ácaros na ração e a retenção de azoto dos suínos em crescimento. Os alimentos infestados com Acarus siro apresentam uma taxa de crescimento mais baixa e um rácio de conversão alimentar inferior ao dos alimentos não infestados.

Rupollo (2003), estudando os sistemas de armazenamento hermético e convencional em aveia, verificou diminuição nos valores de lipídios em ambos os sistemas. Da mesma forma, os resultados estão de acordo com Molteberg et al. (1995), que verificaram diminuição nos valores de gordura bruta durante o tempo de armazenamento em aveia não processada e armazenada em umidade relativa de 80 por cento. Elias (2002) relata comportamento semelhante com outros grãos e registra que o grau de degradação é proporcional ao teor de lipídios. Gutkoski e Trombetta (1998) verificaram um aumento linear da acidez durante o armazenamento de aveia não processada, enquanto na aveia extrusada não houve variação. Mahmood et al. (2013) relataram diminuição do teor de amido após três meses de armazenamento com infestação do ácaro Rhizoglyphus tritici.

5.6 Impacto da infestação por T. putrescentiae no teor de proteínas do trigo

É um facto conhecido que a distribuição das proteínas no grão não é uniforme. Em comparação com a camada de aleurona, o invólucro da semente e o endosperma, o embrião é o mais rico em proteínas, uma vez que estas constituem 33-40 % do embrião. O pericarpo tem o menor teor de proteínas. A distribuição das proteínas não é uniforme mesmo dentro de cada uma das partes do grão. Assim, as camadas periféricas do endosperma contêm mais proteínas do que as camadas centrais (Singh, 1990). Singh (1990) e Singh e Gulati (2001) observaram uma tendência decrescente no teor de proteínas do trigo e das leguminosas com o aumento correspondente da duração da infestação por S. nesbitti. Anita (2010) demonstrou uma diminuição do teor de proteínas (1,22%) à medida que a duração da infestação por T. putrescentiae aumentou para 45 dias em flocos de aveia. Concluiu ainda que os valores significativamente baixos do teor de proteínas se deviam ao consumo preferencial do embrião (rico em proteínas) pelos ácaros.

Durante o presente estudo também, o teor de proteínas diminuiu para 3,18 e 5,65 por cento nos grãos de trigo e na farinha após 90 e 30 dias de infestação por T. putrescentiae, respetivamente. No entanto, a níveis muito elevados de infestação (1377,66 e 5833,4 ácaros/100 g), observou-se um aumento do teor de proteínas (12,33 e 13,90 mg/1g de trigo) após 180 dias nos grãos e na farinha; uma tendência semelhante à registada por (Singh, 1990) no trigo, no malmequer e no grão-de-bico (2000 e 2500 ácaros/10 g de grão). O aumento do teor de azoto dos grãos com níveis mais elevados de infestação de ácaros pode ser atribuído ao aumento do teor de ácido úrico, que é utilizado como índice de densidade populacional para detetar a infestação de ácaros e insectos nos grãos de cereais. A afirmação anterior é apoiada pelas observações de Swaminathan (1977), que registou uma maior excreção de ácido úrico no trigo. Este facto explica provavelmente o valor mais elevado do teor de proteínas no trigo, apesar da infestação pesada. Em segundo lugar, é possível que os fragmentos do corpo dos ácaros, as peles das suas castas, os excrementos, os resíduos azotados e os produtos metabólicos contribuam para o teor de azoto da farinha. A aceitabilidade e o valor nutritivo dos produtos armazenados são reduzidos em grande medida devido à presença de excrementos e outros resíduos. Swaminathan (1977) observou uma correlação positiva entre os danos no miolo e o teor de ácido úrico. No presente estudo, foi registada uma correlação negativa não significativa (r = -0,42) entre o teor de proteínas dos grãos infestados e a população de T. putrescentiae. No entanto, foi registada uma correlação positiva significativa (r = 0,91) entre estes parâmetros na farinha de trigo.

A perda do teor de proteínas parece estar diretamente relacionada com a sua concentração no produto.

Estas observações estão de acordo com as de Khare e Pant (1978), que referem que a perda de proteínas no trigo foi menor do que noutros produtos. Singh (1990) referiu que as perdas no teor de proteínas eram mais acentuadas nas farinhas de milho-miúdo e de grão-de-bico do que nas de trigo. A hipótese de Singh é que as proteínas presentes nas farinhas de grão-de-bico e de milho-miúdo podem ser utilizadas mais facilmente do que noutros produtos. Inferências semelhantes foram tiradas por Venkat Rao et al. (1960) e Swaminathan (1977) que mencionaram que a perda de tiamina variava com os produtos alimentares, o tipo de insectos e o período de infestação.

Os ácaros de armazenagem são considerados prejudiciais para a aptidão do grão e provocam geralmente uma alteração da composição química do trigo armazenado. Os presentes resultados podem também ser comparados com os de Hughes (1976) e Parkinson (1990), que referem que os ácaros preferem alimentar-se de produtos com elevado teor de proteínas e gorduras. A absorção de água diminui com a diminuição do teor de proteínas (Matz, 1972), uma vez que os ácaros se alimentam preferencialmente do embrião do grão de trigo, que contém proteínas na sua maior parte, provocando assim uma diminuição da absorção de água. A farinha preparada a partir de grãos infestados de ácaros tem um valor nutricional inferior e é mais ácida, tem um cheiro a poeira e um sabor amargo (Stejskal et al., 2002). Pode concluir-se da presente investigação que o valor nutricional dos grãos de trigo durante o armazenamento é afetado pela infestação de ácaros a diferentes níveis. Farhan et al. (2013) e Bashir et al. (2013) revelaram uma diminuição acentuada da percentagem de proteínas devido à infestação por Rhizoglyphus tritici no milho e no trigo, respetivamente. Os teores de proteína foram mais baixos (12,66%) após três meses de armazenamento com o nível mais elevado de infestação por ácaros Rhizoglyphus tritici (Mahmood et al., 2013).

5.7 Impacto da infestação por T. putrescentiae na germinação do trigo

O grão de trigo inclui três partes distintas, o farelo (12 a 14%), o gérmen (2 a 4%) e o endosperma que é 82 a 83 por cento . A maior parte dos nutrientes do grão de trigo, com exceção do amido, estão reunidos no gérmen. É uma excelente fonte de vitaminas, minerais, fibras alimentares, calorias, proteínas e alguns micronutrientes funcionais. Os ácaros alimentam-se preferencialmente do gérmen e destroem o seu conteúdo; os ácaros também consomem as outras partes do grão, mas em menor quantidade. Os flocos de gérmen de trigo são consumidos mais rapidamente do que o próprio grão em condições de infestação óptima (Soloman, 1946). Os ácaros podem alimentar-se do gérmen dos grãos, reduzindo assim o teor de ferro e de vitaminas do complexo B e a capacidade de germinação (Krantz, 1955). Verificou-se que os ácaros dos grãos armazenados e dos produtos armazenados contribuem em 40% para a não germinação das sementes de grãos de trigo armazenados. A correlação positiva entre a população de ácaros dos grãos armazenados e a perda de viabilidade dos grãos de trigo mostra que os ácaros destroem principalmente a parte germinativa dos grãos. A literatura tem revelado que a infestação de ácaros de armazenagem causa perda de germinação nos grãos armazenados (Franz et al., 1997; Zdarkova, 1998; Stejskal et al., 2003). Estes ácaros alimentam-se do embrião, o que resulta na perda de germinação dos grãos (Zachvatkin, 1941), juntamente com a deterioração da qualidade das sementes, o que também as torna impróprias para moagem e intragáveis para o gado (Wilkin e Stables, 1985). Singh (1990) registou 68,5% de germinação de sementes de milho-miúdo após 24 semanas, em comparação com 92,85% às 0 semanas, devido à infestação por Suidasia nesbitti.

Consistente com os relatórios acima, durante o presente estudo também, a infestação por T. putrescentiae levou a uma perda progressiva na germinação do trigo com o aumento da população de ácaros durante o período de estudo de seis meses. A perda percentual na germinação do trigo devido à população de T. putrescentiae (135,33, 414,33 e 1377,66 ácaros/ 100g de grão) em diferentes períodos foi registada como 38, 60 e 77,34% após 30, 90 e 180 dias, em comparação com 4,67% de perda em sementes não infestadas. Mahmood et al. (2012) relataram que, à medida que a população de ácaros aumentou de 3,3 para 6,6 ácaros no milho durante um período de três meses, a germinação diminuiu de 86-91 para 74,67-81 por cento. Da mesma forma, no mung, com o aumento da população de ácaros de 2,3 para 5,3 ácaros, há uma diminuição da germinação de 85,8-91,8 para 75,3 -85,3 por cento durante o período de três meses. Registou ainda uma correlação negativa entre a população de ácaros e a germinação de sementes em ambas as culturas.

No presente estudo, o comprimento médio das plântulas (9,80 cm), o comprimento da raiz (4,4 cm) e o comprimento do rebento (5,4 cm) foram significativamente mais elevados nos grãos não infestados, em comparação com 5,3, 2,1 e 3,2 cm nos grãos infestados com 180 dias de trigo, respetivamente. Singh (1990) também registou estruturas fracas e subdesenvolvidas, como epicótilos raquíticos ou não radicais, divididos e inchados, plúmulas e desenvolvimento radicular fracos em sementes infestadas com S. nesbiti de milho-miúdo e grão-de-bico.

5.8 Eficácia de produtos botânicos contra T. putrescentiae

A utilização de produtos químicos para o controlo de parasitas, especialmente para controlar as perdas pós-colheita, tem vários inconvenientes, como o desenvolvimento de estirpes resistentes, resíduos tóxicos e a segurança dos trabalhadores, além de matar os organismos não visados e causar perturbações no ecossistema natural. Assim, no passado recente, tem-se assistido a uma mudança no sentido do desenvolvimento da proteção pós-colheita dos grãos alimentares através da utilização de métodos não químicos. Para o controlo dos insectos que atacam os grãos armazenados, foram realizados alguns trabalhos com extractos/óleos de certas plantas, mas há pouca informação disponível sobre os ácaros. Por conseguinte, a presente discussão engloba os trabalhos sobre ácaros e insectos que atacam os grãos armazenados e sobre ácaros que habitam outros habitats.

As folhas em pó de Withania somnifera, Pongamia pinnata e Azadirachta indica foram submetidas a bioensaios contra T. putrescentiae em grãos de trigo durante o presente estudo, que mostrou uma atividade dependente da concentração, ou seja, concentrações mais elevadas (2 e 1%) não mostraram significativamente qualquer população em comparação com concentrações mais baixas (0,7, 0,6 e 0,5%) após 45 dias após o tratamento. T. putrescentiae tem o potencial de completar o desenvolvimento de ovo a adulto num período de teste de 15 dias a 27^0 C e 80-85% (Hughes, 1976). A atividade dependente da concentração contra T. putrescentiae foi anteriormente registada em tratamentos com Curcuma (óleo, pó, oleorresina) (Gulati (2002; 2007a), produtos de alho (Gulati, 2007b), Ocimum e extractos de alcaçuz (Anita et al., 2014). Estes foram eficazes na redução da emergência esperada devido à inibição olfactiva e de contacto. Schoonhoven (1978) também atribuiu o modo de ação dos óleos à interferência na respiração normal, resultando em asfixia. Potts e Roderiguez (1978) referiram que o óleo de menta a uma concentração de 2 por cento reduziu significativamente a descendência adulta de T. putrescentiae.

Existem relatórios sobre a eficácia de outros extractos de plantas contra T. putrescentiae. Os produtos à base de eucalipto, hortelã, curcuma e alho tiveram efeitos pronunciados nas fases imaturas (ovos e larvas), embora as ninfas e os adultos de T. putrescentiae e S. nesbitti também tenham sido afectados (Gulati e Mathur, 1995; Gulati, 1998). Estes resultados estão em conformidade com estudos sobre pragas de insectos armazenados (Stamopoulous, 1991). Lee et al. (2006) estudaram a atividade acaricida (aplicação por contacto direto) de 12 extractos de óleo de sementes de funcho contra T. *putrescentiae* e concluíram que o naftaleno (4,28 pg/cm^2) e a carvona (4,62 pg/cm^2) eram os mais tóxicos. Noutro estudo, os vapores de sete dos 13 monoterpenos naturais testados possuíam atividade acaricida contra estádios móveis de T. *putrescentiae* (Sanchez-Ramos e Castanera, 2000). Destes, a pulegona, a mentona, o linalol e a fenchona apresentaram a toxicidade de vapor mais elevada com uma CL'90^ 14 p.1/1. Estes compostos são semelhantes aos que foram considerados activos contra os adultos de T. *longior* tratados por contacto e inalação (Perrucci, 1995), embora tenham necessitado de três vezes a dose de mentona, linalol e fenchona para obter valores de CL50 na gama dos obtidos neste trabalho, e não tenha sido relatada qualquer atividade para a pulegona. Esta grande diferença de suscetibilidade pode estar relacionada com o tamanho mais pequeno de T. *putrescentiae* em relação a T. *longior* e/ou com a especificidade do composto, como no caso da pulegona. A ausência de atividade ovicida dos monoterpenos naturais testados parece estar de acordo com a ideia de que o exocório dos ovos do género *Tyrophagus* funciona como uma barreira contra a dessecação, como sugerido por Witalinski (1993), ou contra a absorção do vapor. Assim, a maior atividade acaricida registada nos estádios imaturos e adultos de T. *putrescentiae* pode estar novamente relacionada com a dessecação. No entanto, a ação por interferência nos processos respiratórios não pode ser descartada, uma vez que a taxa metabólica e o consumo de oxigénio são menores nos ovos do que nos adultos, o que poderia reduzir a taxa de mortalidade dos ovos, tal como referido em Acarus siro (Szlendak e Kraszpulski, 1991). Este foi um primeiro passo para desvendar os complexos mecanismos de ação destes monoterpenos naturais sobre o ácaro do bolor. Dos monoterpenos naturais testados, a pulegona, a mentona, o linalol e a fenchona são os mais promissores para uma possível utilização contra T. putrescentiae devido às baixas doses necessárias para produzir uma elevada mortalidade nas fases imatura e adulta. Além disso, não foram registados resíduos perigosos para a saúde humana nem alterações da cor, sabor, odor e textura dos alimentos armazenados tratados com estes produtos (Perrucci, 1995).

Durante o presente estudo, a proteção contra T. putrescentiae com pó de folhas de A. indica foi de 15,9 a 100, 45,7 a 100 e 33,9 a 100 por cento, 2,3 a 100, 8,2 a 100 e 9,8 a 100 por cento com pó de folhas de P. pinnata e 28,4 a 100, 43,7 a 100 e 22,1 a 100 por cento de redução da população com pó de folhas de W. somnifera após 15, 30 e 45 dias após o tratamento. Anteriormente, o extrato de G. glabra e O. sanctum mostrou efeitos pronunciados sobre a população do ácaro. Proporcionou 71,5 a 94,7 e 66 a 92 por cento de proteção relativa contra T. putrescentiae em diferentes durações (Anita et al., 2014). Os presentes resultados permitirão aos cientistas adotar medidas de controlo adequadas que conduzam à proteção das sementes de trigo, bem como garantir a segurança alimentar, minimizando as perdas de armazenamento.

CAPÍTULO 6

RESUMO E CONCLUSÃO

Durante a presente investigação, foram efectuadas perdas quantitativas e qualitativas devido à infestação de Tyrophagus putrescentiae Schrank (Acari: Acaridae) em grãos/farinha de trigo e à sua gestão através de pós botânicos. Os resultados relativos a estes aspectos são resumidos a seguir.

➢ Observações mensais sobre a população média de *T. putrescentiae* em grãos de trigo revelaram que o número de ácaros aumentou significativamente em cada período de observação. A população móvel foi de 135,33, 268, 414,33, 698,33, 965,33 e 1377,66 ácaros/100g de grãos após 30, 60, 90, 120, 150 e 180 dias com a densidade inicial de infestação de 100 pares de ácaros.

➢ Na farinha de trigo, a população de *T. putrescentiae* foi de 467,80, 1058,80, 1608, 2591,20, 3547,20 e 5833,40 ácaros/ 100g de farinha após 30, 60, 90, 120, 150 e 180 dias, respetivamente, o que diferiu significativamente entre si da contagem prévia de 100 pares de ácaros.

➢ A farinha de trigo foi considerada significativamente melhor, uma vez que foi registado um maior número de ácaros (2517,73 ácaros/ 100g de farinha) do que em grãos de trigo (643,16 ácaros/ 100g de grãos).

➢ Independentemente da forma do trigo, o número máximo de ácaros (3605,53 ácaros/ 100 g de trigo) foi observado aos 180 dias, o que mostrou uma diferença significativa em relação ao número de ácaros nos outros períodos de observação.

➢ Da mesma forma, o número de ovos de *T. putrescentiae* foi estatisticamente maior na farinha de trigo (1742,73 ovos/100g de farinha) do que o número de ovos em grãos de trigo (519,87 ovos/100g de grãos). O número máximo de ovos (2117,30 ovos/100g de trigo) foi colocado no final do período de estudo, ou seja, após 180 dias de infestação.

➢ A interação entre a forma do trigo e o período de observação sugeriu uma diferença significativa na perda de peso dos grãos/farinha após 30, 60, 90, 120, 150 e 180 dias após o período de inoculação. A perda de peso foi de 0,28, 0,81, 1,11, 1,42, 1,74 e 2,58 por cento durante estes períodos.

➢ Entre as duas formas de trigo, a perda de peso percentual foi significativamente maior (1,92%) na farinha de trigo, em comparação com o grão de trigo (0,73%).

➢ Foi registada uma correlação positiva altamente significativa entre a população de *T. putrescentiae* e a perda de peso nos grãos de trigo (r= 0,98) e na farinha (r= 0,94).

➢ As perdas nos teores de açúcares solúveis totais foram de 1,98, 5,71 e 9,76 por cento nos grãos de trigo e de 8,24, 14,04 e 18,53 por cento na farinha de trigo após 30, 90 e 180 dias de infestação, respetivamente.

➢ Foi obtida uma correlação negativa significativa entre o número de ácaros e o teor de açúcares solúveis totais nos grãos de trigo infestados (r= - 0,95) e na farinha (r= -0,84).

➢ Os açúcares redutores apresentaram um aumento significativo com o aumento do período de infestação por *T. putrescentiae*. O aumento foi de 24,10 a 27,65mg/1g em grãos de trigo e de 24,10 a 29,74mg/1g em farinha de 0 a 180 dias de infestação.

➢ Foi registada uma correlação positiva significativa entre a população de *T. putrescentiae* e os açúcares redutores nos grãos de trigo (r= 0,91) e na farinha (r= 0,84).

➢ Os açúcares não redutores apresentaram uma diminuição acentuada quando submetidos à infestação por *T. putrescentiae* em grãos de trigo. Foi observado um declínio progressivo significativo nos açúcares não redutores de 43,06 mg/1g no controlo para 40,45, 36,91mg/1g e 32,95 mg/g aos 30, 90 e 180 dias de infestação.

➢ Os açúcares não redutores diminuíram significativamente de 43,06 mg/1g no dia 0 para 24,97 mg/1g após 180 dias na farinha de trigo infestada.

➢ Os valores negativos do coeficiente de correlação obtidos entre o número de *T. putrescentiae* e os açúcares não redutores indicaram uma relação paralela inversa entre os dois parâmetros nos grãos (r = -0,94) e (r = - 0,84).

➢ O teor de amido nos grãos de trigo diminuiu significativamente de 444,18 para 367,35 mg/1g de trigo e de 444,18 para 322,72 mg/1g na farinha após 180 dias.

➢ A correlação negativa significativa nos grãos (r = -0,98) e na farinha (r = -0,80) entre a população de *T.*

putrescentiae e o teor de amido mostra uma diminuição do teor de amido dos grãos de trigo com o aumento da infestação por *T. putrescentiae*.

➢ Nos grãos de trigo infestados, o teor de proteínas diminuiu inicialmente de 12,56 mg/1 g para 12,16 após 90 dias, registando-se depois um ligeiro aumento. A tendência foi semelhante na farinha de trigo infestada. Devido à maior infestação por *T. putrescentiae*, o teor de proteínas aumentou aos 90 e 180 dias na farinha de trigo.

➢ Não foi registada qualquer correlação (r = -0,42) entre o teor de proteínas dos grãos infestados e a população de *T. putrescentiae*. No entanto, foi registada uma correlação positiva significativa (r = 0,91) entre estes parâmetros na farinha de trigo.

➢ A farinha de trigo registou uma maior redução dos açúcares solúveis totais, dos açúcares não redutores e do amido e um aumento dos açúcares redutores, em comparação com os grãos de trigo.

➢ O efeito da infestação por *T. putrescentiae* na germinação das sementes foi mais pronunciado. O número de sementes germinadas foi estatisticamente maior no dia 0 (143 sementes) em comparação com 93, 60 e 34 sementes em 30, 90 e 180 dias de infestação, respetivamente, a partir de 150 sementes

➢ A perda percentual na germinação do trigo devido à população de *T. putrescentiae* em diferentes durações foi registada como 4,67, 38, 60 e 77,34% após 0, 30, 90 e 180 dias.

➢ O comprimento médio das plântulas (9,80 cm), das raízes (4,4 cm) e dos rebentos (5,4 cm) foi significativamente mais elevado nos grãos não infestados do que nos grãos infestados com 180 dias de trigo, com 5,3, 2,1 e 3,2 cm, respetivamente.

➢ O índice de vigor calculado a partir da percentagem de germinação das sementes e do comprimento das plântulas mostrou o índice de vigor mais elevado (934,23) em grãos não infestados, seguido de 520,8, 240 e 120,1 em grãos de trigo infestados com 30, 90 e 180 dias.

➢ As folhas em pó de *Withania somnifera, Pongamia pinnata* e *Azadirachta indica* foram submetidas a bioensaios contra *T. putrescentiae* em grãos de trigo e mostraram uma atividade dependente da concentração, ou seja, as concentrações mais elevadas (2 e 1%) não mostraram significativamente qualquer população em comparação com as concentrações mais baixas (0,7, 0,6 e 0,5%) após 45 dias de tratamento.

➢ Todas as concentrações dos três pós botânicos foram significativamente melhores do que o controlo (grãos de trigo não tratados), exceto a concentração de 0,5 por cento de P. pinnata, que foi comparável ao tratamento de controlo em termos de número de ácaros vivos registados após 45 dias após o tratamento.

➢ Entre os botânicos, *W. somnifera* e A. *indica* a 0,7 por cento de concentração mostraram uma população de ácaros comparável de 39,05 e 40,05 ácaros, respetivamente, após 45 dias, em comparação com 161,89 ácaros em grãos de trigo não tratados.

➢ A proteção contra *T. putrescentiae* com o pó de folhas de *A. indica* foi de 15,9 a 100, 45,7 a 100 e 33,9 a 100 por cento, 2,3 a 100, 8,2 a 100 e 9,8 a 100 por cento com o pó de folhas de *P. pinnata* e 28,4 a 100, 43,7 a 100 e 22,1 a 100 por cento de redução da população com o pó de folhas de *W. somnifera* após 15, 30 e 45 dias de pós-tratamento.

LITERATURA CITADA

A.O.A.C. 1980. **Métodos oficiais de análise**. A.O.A.C. 2044 e 22033, 10th ed.

Abare, 2000. **Australian Commodities** Volume 7, No 4, ACT, Canberra, Austrália.

Ahmed, A.,T. Ahmad, M.A. Arian e M. Ahmed, 2008. Gestão de armazéns de trigo ensacado para controlar as pragas de insectos de grãos armazenados. **Pak. Entomol, 30**: 31-35.

Akimov, I.A. 1977. Determinação da injuriosidade dos ácaros de armazenagem. **Zashch. Rast. (Moscovo).** 2: 44 (em russo).

Alford, A.R., Cullen, J., Storch, R. e Bentley, M. 1987. Atividade antifeedante da limonina contra o escaravelho da batata do Colorado (Coleoptera : Chrysomelidae). **J. Econ**. Ent,. **80**: 575-578.

Anita 2010. **Potencial de alimentação de Tyrophagus putrescentiae Schrank (Acari: Acaridae) e sua gestão**. Tese de Mestrado, CCSHAU, Hisar: 82pp

Anita, **Gulati, R.,** Kaushik, H.D. e Arvind 2013. Efeito de **Tyrophagus putrescentiae** Schrank na perda de peso em aveia armazenada e grama verde. **Anais das Ciências da Proteção das Plantas,**

21(1): 90-93.

Anita, **Gulati, R.**, Kaushik, H.D. e Arvind. 2014. Eficácia de **Ocimum sanctum** e **Glycyrrhiza glabra** contra ácaros armazenados, **Tyrophagus putrescentiae** Schrank em flocos de aveia. **Biopestic. Int.** 10(1): 41-49.

Anónimo, 1999. *Comunicado de Imprensa da FAO 99/3, "Agricultura Orgânica"*, Item 8 da Agenda Provisória, Comité de Agricultura, 25-29 de janeiro de 1999.

Arlian, L. G. 2002. Arthropod allergens and human health (Alergénios de artrópodes e saúde humana). **Ann. Rev. Entomol**, 47: 395-433

Armitage, D.M. 1980. The effect of aeration on the development of mite population in rapeseed. **J. Stored Prod. Res.**, 16: 93-102.

Armitage, D.M. e C.L. George, 1986. O efeito de três espécies de ácaros no crescimento de fungos no trigo. Exp. Appl. Acarol., 2: 111-124. Armitage, D.M., Cogan, P.M. e Wilkin, D.R. 1994. Integrated pest management in stored grain: Combinação de tratamentos insecticidas de superfície com arejamento. **J. Stored Prod. Res.**, 30: 303-319.

Armitage, D.M., Cogan, P.M. e Wilkin, D.R. 1994. Manejo integrado de pragas em grãos armazenados: Combinação de tratamentos insecticidas de superfície com arejamento. **J. Stored Prod. Res.**, 30: 303-319.

Arnau, J. e Guerrero, I. 1994. Métodos físicos de controlo dos ácaros no presunto curado a seco. **Fleischwirtschaft, 74**: 13111313.

Arthur, F. H. 1996. Protectores de grãos: situação atual e perspectivas para o futuro. **J. Stored Prod. Res.**, 32: 293-302.

Ashfaq, M., Z. Parveen e S.I. Iqbal. 1995. O impacto da população de ácaros na infestação de trigo, mung e milho armazenados em armazéns privados do distrito de Mansehra. Pak. Entomol. 17:120-122.

Athanassiou, C.G., Kavallieratos, N.G., Palyvos, N.E. e Buchelos, C.T. 2003. Distribuição tridimensional e índices de amostragem de insectos e ácaros em trigo armazenado horizontalmente. *Appl. Entomol. Zool.*, 38: 413-426

Athanassiou, C.G., Kavallieratos, N.G., Palyvos, N.E., Sciarretta, A. e Trematerra, P. 2005. Distribuição espácio-temporal de insectos e ácaros no trigo armazenado horizontalmente. *J. Econ. Entomol.*, 98:1058-1069

Aucamp, J.L., 1969. O papel dos vectores de ácaros no desenvolvimento da aflatoxina no amendoim. Journal of Stored Products Research 5, 249-254.

Auger, P.; Tixier, M.S.; Kreiter, S. e Fauvel. G. 1999. Factores que afectam a dispersão ambulatória no ácaro predador Neoseiulus californicus (Acari: Phytoseiidae). *Exp. Appl. Acarol.* 23: 235-350

Baker, E.W. e Wharton, G.W. 1952. *An introduction to Acarology*. Macmillan, Nova Iorque 465pp.

Banks , N. 1906. *A revision of the Tyroglyphidae of the United States*, 34Washington: Government Printing Office.

Bashir, M.H., Mahmood, S.U., Khan, M.A., Afzal, M. e Zia, K.. 2013. Estimativa das perdas nutricionais causadas por **Rhizoglyphus tritici** (Acari: Acaridae) no trigo armazenado. **Pak. J. Agri. Sci.**, 50(4), 631-635.

Belmain, S.R., Neal, G.E., Ray, D.E. e Golob, P. 2001.Insecticidal and Vertebrate toxicity associated with ethnobotanicals used as post-harvest protectants in Ghana. **Food and Chemical Toxicology, 39**: 287-291.

Blumberg, B.L. 1939. Suscetibilidade de alguns produtos alimentares a danos causados por insectos e ácaros. **J. Am. Pharm. Assoc.**, 28: 483.

Boczek, J. 1967. **Ácaros, pragas de plantas e produtos alimentares armazenados.** Bibliografia PWRIL, Warszawa: 230.

Boczek, J. 1980. Um esboço de acarologia agrícola. PWN. 335pp (em polaco).

Boczek, J. e Czajkowska, B. 1968. Principais fontes de infestação de ácaros de grãos armazenados. **Priz. Zboz-mlyn, 12**(9): 275279.

Bot, J. e Meyer, M. 1969. Um meio de criação artificial para ácaros Acarid. **J. Ent. Soc. Sth. Afr.**, 29: 199.

Bowley, C.R. and Bell, C.H., 1981.The toxicity of twelve fumigants to three species of mites infesting grain. **J. Stored Prod. Res.,** **17**: 83-87.

Braude, C.W., Cox, P.D. e Simms, J.A. 1980. Suscetibilidade da farinha de soja à infestação por alguns ácaros de armazenamento. **J. Stored. Prod. Res.,** **14**: 103-109.

Callani, G. e Mazzini, M. 1984. Estrutura fina da casca do ovo de **Tyrophagus putrescentiae** (Schr.) (Acarina - Acaridae). **Acarologia,** **25**(4): 359-364.

Castillo, S., Sanchez-Borges, M., Capriles, A. e Suarey-Chacon, R. 1995. Anafilaxia sistemática após ingestão de farinha contaminada com ácaros. **J. Allergy Clinical Immun.,** **95**: 304.

Cerning, J. e Guilbot, A. 1973. Alterações na composição dos hidratos de carbono durante o desenvolvimento e a maturação do grão de trigo e de cevada. **Cereal Chemistry.** **50**: 220.

Chakraborty, S., N. Chaudhury e S.K. Senapati (2004). Correlação entre os parâmetros da semente e o relativo.

Chambers, J., 2003. Como decidir se a presença de ácaros de armazenagem em géneros alimentícios e alimentos para animais é realmente importante. In: Proceedings of the 8th International Working Conference on Stored Product Protection (Credland, P.F., Armitage, D.M., Bell, C.H., Cogan, P.M. and Highley, E. eds), 22-26 de julho de 2002, York, UK 428-434.

Champ, B.R. 1966. Insectos e ácaros associados aos produtos armazenados em Queensland. 4. Acarina e Pseudoscorpiões. Queensland, **J.Agri. Animal Sci.,** **23**: 197-210.

Chhillar, B.S., Gulati, R. e Bhatnagar, P. 2007. **Agrilcultural Acarology,** Daya Publishing House, New Delhi: 355pp.

Chiam, W. Y., Huang, Y., Chen, S. X. e Ho, S. H. 1999 Efeitos tóxicos e antifeedantes do dissulfureto de alilo em **Tribolium castaneum** (Herbst) (Coleoptera: Tenebrionidae) e **Sitophilus zeamais** Motsch. (Coleoptera: Curculionidae). **J. Econ. Entomol,** **92**: 239-245.

Chiasson, H., Belanger, A., Bostanian, N., Vincent, C. e Poliquin, A. 2001. Propriedades acaricidas dos óleos essenciais de **Artemisia absinthium** e **Tanacetum vulgare** (Asteraceae) obtidos por três métodos de extração. **J Econ Ent.,** **94**:167-171.

Chisaka, K. Minamite, Y., Chgami, H. e Katsuda, Y., 1985. Eficácia de vários tipos de compostos piretróides contra *Tyrophagus putrescentiae* e *Dermatophagoides farinae*. *Japanese J. Sanitary Zoo*, **36**: 7-13.

Chmielewiski, W. 1987. Uma tentativa de utilização do inseticida Actellic 50 EC no controlo do ácaro da copra, Tyrophagus putrescentiae (Schr.) (Acarida, Acaridae) - uma praga das sementes de linho e cânhamo. *Prace naukowe Instytutu ochrony Roslin,* **28**: 139-146.

Clegg, K.M. 1956. A aplicação do reagente de antrona à estimativa do amido em cereais. *J. Sci. Food Agric.,* **7**: 40.

Collins, D.A. 2006. A review of alternatives to organophosphorus compounds for the control of storage mites. *J. Stored Prod. Res.,* **42**: 395-426.

Colloff, M.J. 2009. Ácaros do pó. CSIRO, Collingwood, p 583

Cook, D.A., Armitage, D.M. e Wildey, K.B., 2004. **What are the implications of climate change forintegrated pest management of stored grain in the UK?** Conferência do grupo de trabalho IOBC/WPRS sobre proteção integrada de produtos armazenados, Kusadasi, Turquia, 16-19 de setembro de 2003. **27**:1-12.

Coop, L. B. e Croft. B. A. 1995. **Neoseiulus fallacis**: dispersão e controlo biológico de **Tetranychus urticae** após inoculação mínima num campo de morangueiros. **Exp. Appl. Acarol. 19**: 31-43.

Corpuz-Raros, L.A. Sabio, G.C., Velasco-Soriano, M. 1988. Ácaros associados a produtos armazenados, aviários e poeira doméstica nas Filipinas. *Philipp Ent.* 7(3): 311-321.

Cunnington, A.M. 1969. Limites físicos para o desenvolvimento completo do ácaro da copra, *Tyrophagus putrescentiae* (Schrank) (Acarina-Acaridae). In: Proc. 2nd Intl. Congr Aear., Akad-Kaido, 241-248.

Cunnington, A.M. 1976. O efeito das condições físicas no desenvolvimento e aumento de algumas espécies importantes de ácaros de armazenagem. **Ann.** *Appl. Biol.,* **82**: 175-201.

Cunnington, A.M. 1985. Factores que afectam a oviposição e a fecundidade do ácaro do grão, Acarus siro L. (Acarina: Acaridae), especialmente a temperatura e a humidade relativa. *Exp. Appl. Acar.* **1** (4): 327-344.

Cusack, P.D., Evans, G.O. e Brennan, P.A. 1976. A survey of the mites of stored grains and grain products in the Republic of Ireland. *Sci. Proc. R. Dublin Soc. Scr.* (B), 3(20): 273-329.

Czajkowska, B. 1970. Desenvolvimento de espécies de *Tyrophagus* em vários substratos alimentares fúngicos. *Zeszyty Problem Naukl Rolnicizej,* **109**: 217-227.

Darvishzadeh, I. e K. Kamali, 2009. Levantamento faunístico de ácaros (Acari) associados à videira em Safiabad, Khuzestan. *Irão. J. Entomol.Res.*, **1**: 79-93.

Davey, P.M., Hall, D.W., Conveney, P.L.K., Raymond, W.D. e Squires, J.A. 1959. Perda de viabilidade de sementes armazenadas atribuível à infestação de insectos e ácaros. *Trop. Sci.*, **1**: 296.

Davis, A.C. 1944. O ácaro do cogumelo (*Tyrophagus lintneri*) (Osborn) como uma praga do cogumelo cultivado. *U.S. Dept. Agric. Tech. Bull.*, **879**: 26.

Dev, S. e Koul, O. 1997. *Insecticides of natural origin.* Nova Iorque: Harwood Academic. 352pp.

Dixit, R.S., Petri, P. e Ranganathan, S.K. 1956. Avaliação da atividade inseticida de extractos de solventes e princípios voláteis de vapor de rizomas de *Acarus calamus* contra a mosca doméstica, o mosquito e o escaravelho do tapete. *J. Scient ind. Res.*, **15**: 16-21.

Doharey, R.B., Katiyar, R.N. e Singh, K.M. 1985. Estudos ecotoxicológicos sobre o escaravelho que infesta a grama verde. VI. Efeito de tratamentos com óleo alimentar na germinação de sementes de grama verde, *Vigna radiata* (L.). Sementes de Wilezek, *Indian J. Ent.,* **45**(4) : 414-419.

Don-Pedro, K.N. 1985. Toxicidade de algumas cascas de citrinos para *Dermestes maculatus. J. stored Prod. Res.*, **21**(1) :31-34.

Duek, L., Kaufman, G., Palevsky, E. e Berdicevski, I. 2001. Ácaros em culturas de fungos. *Mycoses,* **44**: 390-394.

Elias, M.C. 2002. Tecnologias para secagem earmazenamento de graos em pequenas e medias escalas. 3ª Ed. Pelotas., **1**: 75-94.

Emmanouel, N.G., Buchelos, C.T. e Dukidis, C.T.E. 1994. Um estudo sobre os ácaros dos cereais armazenados na Grécia. *J. Stored Prod. Res.,* **30**(2): 175-178.

Evans, G.O., 1992. In: *Principles of Acarology,* CAB International, Wallingford, 563pp.

Farhan, M. Afzal, M., Bashir, M.H., Ahmad, T. e Asi, M.R. 2013. Alterações no valor nutricional dos grãos de milho armazenados infestados com ácaros (*Rhizoglyphus tritici*) em diferentes tempos de armazenamento. *Int. J. Agric. Appl. Sci.,* **5** (1): 47-52.

Fields, P.G., Xie, Y. S. e Hou, X. 2001. Efeito repelente de fracções de ervilha (*Pisum sativum*) contra insectos de produtos armazenados. *J. Stored Prod. Res.*, **37**: 359-370.

Firdissa, E. e Abraham, T. 1999. Efeitos de alguns botânicos e outros materiais contra o gorgulho do milho (**Sitophilus zeamais** Motsch.) em milho armazenado. **Em** CIMMYT & EARO, eds. **Maize Production Technology for the Future: Challenges and Opportunities. Proc. 6ª Conf. Regional do Milho da África Oriental e Austral**, 21-25 Set. 1998. Addis Ababa, CIMMYT.

Fleurat-Lessard, F. 1974. Contribuição para o estudo das relações tróficas entre **Tyrophagus putrescentiae** (Schrank) (Acarina-Acardiae) e a micoflora das sementes de colza armazenadas. Desenvolvimento de uma técnica para a criação dos ácaros em bolores. **Ann. Zool. Ecol. Anim.**, 6(1): 97-109.

Franz, J.T., G. Masuch, H. Musken e K. Bergmann. 1997. Fauna de ácaros em explorações agrícolas alemãs. Allergy. 52:1233-1237.

Franzolin, M.R., Gambale, W., Cuero, R.O. e Correa, B. 1999. Interação entre **Aspergillus jlavus** Link toxigênico e ácaros **Tyrophagus putrescentiae** (Schrank) em grãos de milho: efeitos sobre o crescimento fúngico e a produção de aflatoxinas. **J. Stored Prod. Res.**, 35: 215-224.

Ghai, S. 1976. Ácaros associados a alimentos armazenados na Índia. **Bull. Grain Tech**, 14: 134-145.

Ghosal, T.K., S. Dutta, S.K. Senapati e D.C. Deb (2004). Papel dos teores de fenol nas sementes de leguminosas e seu efeito na biologia de **Callosobruchus chinensis. Ann. Pl. Protec. Sci.** 12: 442-444.

Griffiths, D.A. 1960. Alguns habitats de campo de ácaros de produtos alimentares armazenados. **Ann. appl. Biol.**, 48: 134-144.

Griffiths, D.A. 1962. O ácaro da farinha (**Acarus siro** L. 1758) como um complexo de espécies. **Nature**

Lond. 196: 908.

Griffiths, D.A., Hodson, A.C. e Christensen, C.M. 1959. Fungos de armazenamento de grãos associados a ácaros. **J. Econ. Entomol.**, **52**: 514-518.

Griffiths, D.A., Wilkin, D.R., Southgate, B.J. e Lynch, S.M. 1976. A survey of mites in bulk grain stored on farms in England and Wales. **Ann. Appl. Biol.** **82**: 180-185.

Gulati, R. 1998. Ação inibidora dos produtos de neem sobre **Tyrophagus putrescentiae** Schrank (Acarina: Acaridae) no trigo durante o armazenamento. **Ann. Agri. Biol. Res.: 227-230**.

Gulati, R. 2002. Bioeficácia do óleo de **Curcuma longa** L. contra **Tyrophagus putrescentiae** Schrank e **Suidasia nesbitti** Hughes no trigo. **Pest Manag. and Econ. Zool.**, **10**(2): 115-119.

Gulati, R. 2007a. Açafrão-da-terra (**Curcuma longa** L.) como acaricida contra **Tyrophagus putrescentiae** Schrank e **Suidasia nesbitti** Hughes em trigo armazenado. **J. Food Sci. Techn.**, **44**(4): 367- 370.

Gulati, R. 2007b. Potencial do alho como protetor de grãos contra **Tyrophagus putrescentiae** Schrank e **Suidasia nesbitti** Hughes no trigo. **Syste. Appl. Acarol.**, **12**: 19-25.

Gulati, R. e Mathur, S. 1995. Effect of **Eucalyptus, Mentha** leaves and **Curcuma** rhizomes on **Tyrophagus putrescentiae** (Schrank) in wheat. **Exp. Exp. Appl. Acarol**, **19**: 511-519.

Gulati, R. e Mathur, S. 1998. Olfactory responses of **Tyrophagus putrescentiae** (Schrank) towards **Cajanus cajan Bull. Life Sci.**, **8**: 53-61.

Gulati, R., Singh, M., Punia, A. e Sareen, B. 1999. Estimativa das perdas de germinação em quatro leguminosas devido à infestação por **Suidasia nesbitti. J. Acarol**, **14**: 112-115.

Gutkoski, L.C. e Trombetta, C. 1998. Avalia^ao dos teores de fibra alimentar e de betaglicanas em cultivares de aveia *(Avena sativa* L). *Ciência e Tecnologia de Alimentos, Campinas,* **19**: 387-390.

Hage-Hamsten, M.V. e Johansson, S.G.O. 1992. Ácaros de armazenamento, *Exp. Exp. Appl. Acarol,* **16**:117-128.

Haines, C.P. 1991. *Insectos e aracnídeos de produtos tropicais armazenados: sua biologia e identificação.* Natural Resources Institute, Chatham Maritime, Kent, Reino Unido. 246 pp.

Haque, F.M. 1987. Resposta de genótipos de feijão Urd ao escaravelho *Callosobruchus maculatus* e avaliação de alguns produtos vegetais comestíveis como protectores contra o escaravelho. Tese de doutoramento, H.A.U., Hisar.

Harish, G., Prasanna Holajjer, S.D. Savaliya e M.V. Gedia (2012). Densidade populacional nos danos do amendoim por **Caryedon serretus. Ann. Pl. Protec. Sci. 20**: 217-218.

Hartmannova, V., Rupes, V. e Vranova, J. 1973. O efeito de alguns insecticidas sobre **Tyrophagus putrescentiae** (Schrank) e espécies seleccionadas de fungos. **Ceska Mycologie**, **27**: 48-54.

Hays Jr., J.B. e Laws Jr., E. R. 1991. **Handbook of Pesticide Toxicology** Vol 1. Academic Press, San Diego.

Herbert Jr., D.A. 2009. Insectos das culturas de campo: Gestão de pragas de insectos em grãos armazenados, **Tidewater AREC: 4-117.**

Hidalgo, E., Moore, D. e Patourel, L.E. 1998. O efeito de diferentes formulações de **Beauveria bassiana** sobre **Sitophilus zeamais** em milho armazenado. **J. Stored Prod. Res.**, **34**: 171-179.

Hira, C.K., Sadana, B.K., Mann, S.K., Kochhar, A., Kanwar, J., Sidhu, e Huignard, J. 1988. Analyse experimentale de certains stimuli externs influencant l'ovagenese chez. **Rocz. nauk. Rdn. Ser. E.**, **1**: 75-94.

Hirst , S. 1912. Relatório sobre o ácaro que causa a comichão da copra. *J. Trop. Med. Hyg. 15,* : 374-375.

Ho, S.H., Koh, L., Ma, Y., Huang, Y. e Sim, K.Y. 1997. O óleo de alho, *Allium sativum* L. (Amaryllidaceae) como potencial protetor de grãos contra *Tribolium castaneum* (Herbst) e *Sitophilus zeamais* Motsch. *Postharv. Biol. Tech.,* **9**(1): 41-48.

Hoseney, R.C., Wade, P. e Finley, J.W. 1988. Produtos de trigo mole. In: *Wheat chemistry and technology.* Vol. 2 (ed. Y. Pomeranz), Am. Assoc. Cereal Chem.Inc., St. St. Paul, Minnesota, EUA, pp. 407-456.

Huang, He, Xuenong Xu, Jiale Lv, Guiting Li, Endong Wang e Yulin Gao. 2013. Impacto de proteínas e sacarídeos na produção em massa de *Tyrophagus putrescentiae* (Acari: Acaridae) e seu predador

Neoseiulus barkeri (Acari: Phytoseiidae), *Biocontrol Sci. Tech.*, **23**:11, 1231-1244.

Huang, Y., Chen, S. X. e Ho, S. H. 2000. Bioactividades do dissulfureto de metil-alilo e do trissulfureto de dialilo do óleo essencial de alho para duas espécies de pragas de produtos armazenados, *Sitophilus zeamais* (Coleoptera: Curculionidae) e *Tribolium castaneum* (Coleoptera: Tenebrionidae). *J. Econ. Ent.*, **93**(2): 537-543.

Hubert, J. e Pekar, S. 2009. A combinação do antifeedante farinha de feijão e do predador *Cheyletus malaccensis* suprime os ácaros de armazenagem em condições laboratoriais. *BioControi*, **54**: 403-410.

Hubert, J., Doleckova-Maresova, L., Hyblova, J., Kudlikova, I., Stejskal, V. e Mares, M. 2005. Inibição in *vitro* e *in vivo* de alfa-amilases de ácaros de produtos armazenados *Acarus siro*. *Exp. Exp. Appl. Acarol.*, **35**: 281-291.

Hubert, J., Kucerova, Z., Aulicky, R., Nesvorna, M. e Stejskal, V. 2009. Níveis diferenciais de infestação por ácaros do trigo e da cevada em armazéns de cereais checos. *Insect Sci.*, **16**: 255-262.

Hubert, J., Munzbergova, Z., Kucerova, Z. e Stejskal, V. 2006. A comparação das comunidades de ácaros de produtos armazenados na massa de grãos e nos resíduos de grãos na República Checa. *Exp. Exp. Appl. Acarol.*, **39**: 149-158.

Hubert, J., Pekar, S., Nesvorna, M. e Sustr, V., 2010. Preferência de temperatura e respiração dos ácaros. *J. econ. Ent.*, **103**: 2249-2257.

Hubert, J., Stejskal, C.V.A., Aspaly, G. e Nzbergova, Z.M. 2007. Potencial supressivo da farinha de feijão (*Phaseolus vulgaris*) contra cinco espécies de ácaros de produtos armazenados (Acari: Acaridae). *J. Econ. Entomol.*, **100**(2): 586-590.

Hubert, J., Stejskal, V., Munzbergova, Z., Kubatova, A., Vanova, M. e Zdarkova, E. 2004. Ácaros e fungos em lojas fortemente infestadas na República Checa. *J. Econ. Entomol.*, **97**: 2144-2153.

Hubert, J., Stejskal, V., Munzbergova, Z., Kubatova, A., Vanova, M. e Zdarkova, E. 2003. Os ácaros como portadores selectivos de fungos em habitats de cereais armazenados. *Exp. Exp. Appl. Acarol.*, **29** (1-2):69-87.

Hughes, A.M. 1961. *The mites of stored food (Os ácaros dos alimentos armazenados)*. Ministério da Agric. Fish and Food (Londres). *Tech. Bull*, **9**: 287 pp.

Hughes, A.M. 1976. *The Mites of Stored Food and Houses*, Vol. 9. 2ª Edição. Boletim Técnico do Ministério da Agricultura, Pescas e Alimentação, 400pp.

Hussey, N.W. e Parr, W. J. 1963. Dispersão do ácaro vermelho da estufa Tetranychus urticae Koch (Acarina, Tetranychidae). **Entomol. Exp. Appl. 6 (3)**: 207-214

Ignatowicz, S. e Wesolowska, B. 1996. Repelência de material vegetal em pó da árvore de neem indiana, do chá do Labrador e da planta-doce, a algumas pragas de produtos armazenados. **Polskie-Pismo Entomologiczne, 65**(1-2): 61-67

Ignatowicz, S., 1981. Efeito dos sais inorgânicos na biologia e desenvolvimento dos ácaros. VII. Dessecação rápida do ácaro da copra *Tyrophagus putrescentiae* (Schrank), e outros ácaros com fosfato tricálcico e fosfato férrico. *Polskie Pismo Entomologiczne*,**51**: 471-482.

Ingemansen, J.A., Reeves, D.L. e Walstrom, R.J. 1986. Factores que influenciam as populações de insectos da aveia armazenada no Dakota do Sul. *J. Eco. Ent.*, **79**: 518-522.

Ivbijaro, M.F. 1983. Toxicidade da semente de nim, *Azadirachta indica*. A juss para *Sitophilus oryzae* em milho armazenado. *Prot. Ecol.* **5**(4): 353-357.

Jacobson, M. 1990. *Glossário de deterrentes de insectos derivados de plantas*. CRC, Boca Raton, FL.

Jayaraj, S. 1976. *Produtos de Neem: Relatório de utilização de ensaios entomológicos*, Universidade Agrícola de Tamil Nadu, Coimbatore.

Jeffrey, I.G. 1976. A survey of the mite fauna of Scottish farms. *J. Stored Prod. Res.*, **12**: 149-156.

Jilani, G. e Malik, G. 1973. Estudos sobre a planta neem como repelente contra insectos de grãos armazenados. *Paquistão J. Sci. Ind. Res.*, **16**(6): 251-254.

Jotwani, M.G., Sircar, P. e Yadav, T.D. 1967. Estudos sobre a extensão dos danos causados por insectos e a germinação de sementes II. Germinação de algumas sementes de leguminosas danificadas pelas larvas em desenvolvimento de *Callosobruchus maculatus* (Fab.). *Indian J. Ent.,* 29(3): 309-311.

Kalinovic, I., Martincic, J., Rozman, V. e Guberac, V. 1997. Atividade inseticida de substâncias de origem vegetal contra insectos de produtos armazenados. *Ochrana-Rostlin*, 33(2): 135-142.

Kanika e **Gulati, R.** 2014. Eficácia de campo de alguns biorracionais contra o ácaro de duas manchas *Tetranychus urticae* Koch (Acari: Tetranychidae). *Jornal de Ciências Aplicadas e Naturais*, 6 (1): 62-67.

Kashyap, N.P., Gupta, V.K. e Kaushal, A.N. 1974. *Mentha spicato*, um promissor protetor do trigo armazenado contra *Sitophilus oryzae. Bull. Grain. Tech.,* 17(1): 41-44.

Kevan, D.K. McE e Sharma, G.D. 1963. Os efeitos da baixa temperatura em *Tyrophagus putrescentiae* (Schr). *Adv. Acar.* 1: 112-130.

Khare, B.P. e Pant, N.C. 1978. Nota sobre a biologia de T. castaneum Herbst em 'Protein plus' em relação à farinha de trigo e à farinha de milho. *Indian J. Agric. Res.* 12 (4): 259-262.

Kim, E.H. 2002. Atividade acaricida de fenilpropenos identificados a partir do óleo essencial de *Eugenia caryophyllata* contra *Dermatophagoides farinae, Dermatophagoides pteronyssillus* (Acari: Pyroglyphidae) e *Tyrophagus putrescentiae* (Acari: Acaridae). Tese de Mestrado, Universidade Nacional de Seul, Suwon, República da Coreia, 105pp.

Kim, S., Roh, J.Y., Kim, D.H., Lee, H.S. e Ahn, Y.J. 2003. Actividades insecticidas de extractos de plantas aromáticas e óleos essenciais contra *Sitophilus oryzae* e *Callosobruchus chinensis. J. Stored Prod. Res.,* 39: 293-303.

Kleih, U.e Pike, V. 1995. Avaliação económica das infestações de psocídeos no armazenamento de arroz. *Trop. Sci.*, 35: 280-289.

Klimov, P.B. e OConnor, B.M. 2009. Conservação do nome *Tyrophagus putrescentiae*, uma espécie de ácaro com importância médica e económica (Acari: Acaridae). *Intl. J. Acarol.*, 35(2): 95-114.

Kohli, R. e Mathur, S. 1993. Processos de vida de *Tyrophagus putrescentiae* Schrank (Acarina: Acaridae) influenciados pelo fotoperíodo. *Crop Res.,* 6: 311-316.

Kohli, R. e Mathur, S. 1994. Comportamento alimentar de um ácaro, *Tyrophagus putrescentiae* Schrank. *Crop Res.,* 7: 467-473.

Kondreddi,P.K., Elder, B.L., Morgan, M.S., Vyzenski-Moher, D.L. e Arlian, L.G. 2006. Importância da sensibilização a **Tyrophagus putrescentiae** nos Estados Unidos. **Annl. Aller. Asthma Immunol.,** 96: 124.

Kouninki, H. Ngamo, L.S.T., Hance, T. e Ngassoum, M.B. 2007. Utilização potencial de óleos essenciais de plantas locais dos Camarões para o controlo do gorgulho da farinha vermelha **Tribolium castaneum** (Herbst.) (Coleoptera : Tenebrionidae). **Ajfand online**, 7 (5): 1-15.

Krantz, G.W. 1955. Alguns ácaros prejudiciais aos cereais armazenados nas explorações agrícolas. **J. Eco. Ent.,** 48(6): 754-755.(Zakhavatkin, 1941)

Krezeczkowski, K. 1961. Investigações sobre a ocorrência do ácaro da farinha (**Tyrophagus noxius** Zachiw, **Tyroglyphidae, Acarina**) e as suas preferências alimentares. **Prace nauk. Inst. Ochr. Rost.**, 3: 101-127.

Kucerova, Z. e Horak, P. 2004. Infestação de artrópodes em amostras de sementes armazenadas na República Checa. **Czech J. Genet. Plant. Breed.**, 40(1): 11-16.

Kumar et al. 2009

Kumar, Arvind, Kuldeep Sharma e M.A. Khan (2008). Efeito das propriedades físicas do hospedeiro na oviposição de **Callosobruchus chinensis. Ann. Pl. Protec. Sci.** 16: 225-226.

Kumar, Dushyant, R.K. Sharma, S.K. Rajvanshi e K. Sharma (2009). Avaliação de germoplasmas de milho para resistência contra **Sitophilus oryzae. Ann. Pl. Protec. Sci.** 17: 75-77.

Kumud, 1987. Análise das interacções entre alguns ácaros de produtos armazenados e fungos de armazenamento num microcosmo. Tese de doutoramento, H.A.U. Hisar, 52.

Lal, B.M., Rohewall, S.S., Verma, S.C. e Prakash, V. 1984. Composição química de algumas estirpes puras de Bengal grams. **An. Biochem. Exp. Med.**, 43: 543-548.

Lal, L., Katiyar, O.P., Singh, J. e Mukherjee, S.P. 1973. Um novo hospedeiro de **Tyrophagus**

putrescentiae Schrank (Tyroglyphidae : Acarina) em Varanasi, **Bull. Grain Tech**, 11(1): 69-70.

Lee, C.P., Sung, B. e Lee, H. 2006. Atividade acaricida dos óleos de sementes de funcho e dos seus principais componentes contra **Tyrophagus putrescentiae**, um ácaro dos alimentos armazenados. **J. Stored Prod. Res.**, 42: 8-14.

Leon, E., Piston, F., Aouni, R., Shewry, P.R., Cristina, M., Rosell, C.M., Martin A. e Barro. F. 2010. Propriedades de colagem de linhas transgénicas de um trigo comercial para pão que expressam combinações de genes de subunidades de glutenina HMW. **J. Cereal Sci.**, 51:344-349.

Leong, E.C.W. e Ho, S.H. 1995. Efeitos do dióxido de carbono na mortalidade de **Liposcelis bostrychophila** (Badonnel) e **L. entomophila** (Enderlein) (Psocoptera: Lioscelididae). **J. Stored Prod. Res.**, 31: 185-190.

Li, C.P., Cui, Y.B., Wang, J., Yang, Q.G. e Tian, Y. 2003. Acaroid mite, intestinal and urinary acariasis. **World. J. Gastroenterol**, 9(4): 874-877

Lombardini , G. 1944. *"Tyroglyphus nvOirms" n.* sp. *Redia* Vol. 30, 43-69+pl. iv-v.

Long-Shu, L. e Qing-Hai, F. 1997. Um levantamento dos ácaros alimentares de quatro províncias da China. *Syst. Appl. Acarol.,* 2: 24725.

Macchioni, F., Cioni, P.L., Flamini, G., Morelli, I., Perrucci, S., Franceschi, A., Macchioni, G. e Ceccarini, L. 2002. Atividade acaricida dos óleos essenciais de pinheiro e dos seus componentes principais contra *Tyrophagus putrescentiae*, um ácaro dos alimentos armazenados. *J. Agric. Food Chem.,* 50: 4586-4588.

Mahmood, S.H. 1992. Fauna de ácaros de sementes de cereais armazenadas no centro do Iraque. *J. Stored Prod. Res.,* 28(3): 179-181.

Mahmood, S.U., Bashir, M.H., Abrar, M., Sabri, M.A. e Khan, M.A. 2013. Avaliação das mudanças no valor nutricional do trigo armazenado, *Triticum aestivum* L. infestado com ácaro Acarid, *Rhizoglyphus tritici* (Acari: Acaridae). *Pakistan J. Zool,* 45(5): 1257-1261.

Mahmood, S.U., M.H. Bashir, M. Afzal e B.S. Khan. 2011. Estimativa das perdas de germinação causadas por ácaros no trigo retirado das explorações agrícolas de Tehsil Toba Tek Singh. Pak. Entomol. 33:143-146.

Mahmood, S.U., M.H. Bashir, M. Afzal e M. Ashfaq. 2012. Avaliação das perdas de germinação causadas por ácaros em **sementes de milho e mung de** explorações **de agricultores** em Tehsil Toba Tek Singh. Pak. J. Zool. 44:117-121.

Makanjuola, W.A. 1989. Avaliação de extractos de neem (**Azadiracta indica** A. Juss) para o controlo de algumas pragas de produtos armazenados. **J. stored Prod. Res.**, 25(2): 231-238.

Mathur, R.B. e Mathur, S. 1982. Mites associated with stored grains/products in Haryana, India. **Indian J. Acarol**, 44: 52.

Mathur, S. e Dalal, M. 1989. Influence of food quality on the development and growth of the acarid mite, **Suidasia nesbitti** (Acari : Acaridae). In: **Progress in Acarology 2.** (Channabasavanna, G.P., Viraktanath, C.A. eds), Oxford Press USA: 147-149.

Matsumoto, T., Hisano, T. Hamaguchi, M. e Miike, T. 1996. Anafilaxia sistémica após ingestão de alimentos contaminados com ácaros de armazenagem. **Int. Arch. Allergy Appl. Immunol,** 109: 197-200.

Matz, S.A. 1972. Baking Technology and Engineering, 2nd Ed. The AVI publishing company, Inc, Westport, Connecticut, EUA.

Maurya, K.R., Jamil, Z. e Dev, B. 1983. Padrão de infestação de ácaros em vários produtos armazenados em Lucknow (Índia). **Biol. Nem.**, 7(2): 116-120.

Messina, J. e Renwick, J.A.A. 1983. Eficácia dos óleos na proteção do feijão-frade armazenado contra o gorgulho do feijão-frade (Coleoptera : Bruchidae). **J. econ. Ent.**, 76: 634-636.

Mirnov, U.S. 1940. **Acarus calamus** usado como preparações insecticidas e repelentes. **Med. Parasitol**, 9: 408-410.

Mishra, R.C., Masih, D.B. e Gupta, P.R. 1981. Óleo de menta como fumigante de grãos contra **Callosobruchus chinensis. Bull. Grain Tech.**, 19(1): 12-15.

Mishra, R.C., Masih, D.B. e Gupta, P.R. 1984. Efeito da mistura dos pós de mantha e da imersão do grão-de-bico em emulsão de óleo em água no escaravelho **Callosobruchus chinensis Linn. Bull. Grain Tech., 22**(1): 19-24.

Mlodecki, H. 1958. Excrementos de ácaros da farinha. **Rocz. panstowowego Zakt. Hig.,** 9: 515.

Mlodecki, H. 1960. Avaliação de alimentos infestados com ácaros de armazenagem e exame de farinhas de trigo e centeio infestadas com ácaros de armazenagem. **Rocz. Panstowowego. Zakt. Hig., 11**: 1.

Molteberg, G.L., Vogt, G., Nilsson, A. e Frolich, W. 1995. Effects of storage and heat processing on the content and composition of free fatty acids in aats. **Cereal Chem.,** 72: 88-93.

Mourier, H. e Poulsen, K.P. 2000. Controlo de insectos e ácaros em cereais utilizando uma técnica de alta temperatura e tempo curto (HTST). **J. Stored Prod. Res.,** 36: 309-318.

Nadeem, M., Anjum, F.M., Amir, R.M., Khan, M.R. Hussain, S. e Javed, M.S. 2010. An overview of anti-nutritional factors in cereal grains with special reference to wheat-A review. **Pak. J. Fd. Sci., 20**: 54-61.

Nahar, S.C. e Gupta, S.K. 1980. Um relatório preliminar sobre os ácaros dos cereais armazenados em Bihar. **Bull. Grain Tech., 18**: 130-134.

Nangia, N. e Channabasavanna, G.P. 1986. Acarina associados a produtos armazenados em Karnataka, Índia. A. In: **Proc. VII Int. Cong. Acarina,** Bangalore, Índia: 36.

Nayak, M.K. 2006. Gestão do ácaro **Tyrophagus putrescentiae** (Schrank) (Acarina: Acaridae): um estudo de caso em alimentos para animais armazenados. **Int. Pest Contr., 48**: 128-130.

Nelson, N. 1944. Uma adaptação fotométrica do método de Somogyi para a determinação da glucose. **J. Biol. Chem., 153**: 375.

Niber, B.T. 1994. A capacidade de pós e lamas de dez espécies de plantas para proteger os cereais armazenados do ataque de **Prostephanus truncatus** Horn (Coleoptera: Bostrichidae) e **Sitophilus oryzae** L. (Coleoptera: Curculionidae). **J. Stored Prod. Res., 30**(4): 297-301.

Niber, B.T., Helenius, J., Varis, A.L. e Tierto-Niber, B. 1992. Toxicidade de extractos de plantas para três escaravelhos de armazenamento (Coleoptera). J. Appl. Entomol., 113(2): 202-208.

O'Farrell, A.F. e Butler, P.M. 1948. Insectos e ácaros associados ao armazenamento e fabrico de géneros alimentícios na Irlanda do Norte. *Econ. Proc. R. Dublin Soc.,* 3(22): 343-407.

Ohms, J.P. 1985. Pests of stored Fodder. *Deu. Tier. Woch.,* 92(6): 220-221.

Okabe, K., Miyazaki, K. e Yamamoto, H. 2001. Aumento da população de ácaros de pragas de cogumelos em *Hypsozygus marmoreus* cultivado e a sua vectorização de fungos infestantes entre meios de cultivo de cogumelos. *Japanese J. Appl. Ent. Zoo.,* 45: 75-81.

Olsen, A.R. 1983. Ácaros contaminantes de alimentos importados que entram nos Estados Unidos através do sul da Califórnia.Int. *J. Acarol,* 9: 189-193.

Olsson, S. e Hage-Hamsten, M. 2000. Alergénios do pó da casa e dos ácaros de armazenamento: semelhanças e diferenças com ênfase no ácaro de armazenamento *Lepidoglyphus destructor. Clin. Exp. Allergy,* 30: 912-919.

Oudemans , A. C. 1916. Myrmekofile Acari uit Salatiga. *Entomol. Ber. (Amst.)* 4: 266-268.

Oudemans , A. C. 1917. Acarologische Aanteekehingen LXII. *Entomolog. Ber. (Amst.),* 4: 341-348.

Oudemans , A. C. 1925. Acarologische Aanteekehingen LXXIX. *Entomolog. Ber. (Amst.),* 7: 26-34.

Pagliarini, N. 1979. Estudos sobre os ácaros dos cereais armazenados na Jugoslávia. *Rec. Adv. Acarol, 1:* 305-309.

Pagliarini, N. e Hrlec, G., 1982. Resultados de estudos sobre a eficácia de alguns pesticidas no controlo dos ácaros dos produtos armazenados. *Zastita Bilja,* 33: 51-56.

Palyvos, N.E. e Emmanouel, N.G. 2006. Abundância sazonal e distribuição vertical de ácaros em armazéns planos contendo trigo. *Phytoparasitica,* 34: 25-36.

Palyvos, N.E., Emmanouel, N.G. e Buchelos, C.T.H. 2002. Um levantamento dos ácaros dos produtos armazenados na Grécia. In: *Proc. 7th European Cong. Ento.,* Salónica, 7-13 de outubro de 2002.

Palyvos, N.E., Emmanouel, N.G. e Saitanis, C.J. 2008. Ácaros associados a produtos armazenados na Grécia. *Exp. Appl. Acarol.,* 44(3): 213-226.

Pandey, M.N. e Pandey, S.P. 1978. Efeito da infestação de insectos nos cereais armazenados. *Bull. grain*

Tech., 14(3): 233-234.

Paneru, R.B., le-Patourel, G.N.J. e Kennedy, S.H. 1997. Toxicidade do pó de rizoma de *Acorus calamus* do Nepal Oriental para *Sitophilus granarius* (L.) e *Sitophilus oryzae* (L.) (Coleoptera: Curculionidae). *Crop Prot.*, 16(8): 759-763.

Pankiewicz-Nowicka, D. e Boczek, J. 1984. A comparison of food preference of some acarid mites (Acaridae-Acaroidea). *Acarologia VI*, 2: 987-992.

Pankiewicz-Nowicka, D., Boczek, J. e Davis, R. 1982. Some food preferences of *Acarus siro* L. *J. Georgia ent. Soc.*, 17(4): 491-495.

Pankiewicz-Nowicka, D., Boczek, J. e Davis, R. 1984. Seleção alimentar em *Tyrophagus putrescentiae* (Schrank) (Acarina: Acaridae). *J. Georgia. Entomol. Soc.*, 19(3): 317-321.

Parkinson, C.L. 1990. Aumento da população e danos causados por três espécies de ácaros no trigo a 20°C e duas humidades. Exp. appl. Acarol. 8: 179-193.

Pascual, P. 1990. Deficiências da muda imaginal induzidas por *Azadirachta* em *Tenebrio molitor* L. (Coleoptera : Tenebrionidae). *J. stored Prod. Res.*, 26: 53-58.

Paudel, L.R., R.K. Sharma e K. Sharma (2004). Influências varietais na biologia de *Trogoderma granarium* em milho armazenado. *Ann. Pl. Protec. Sci.* 12: 67-70.

Paul, C.F., Agarwal, P.N. e Ali, A. 1965. Toxicidade do extrato de solvente de **Acarus calamus** L. para pragas de cereais e térmitas. **Indian J. Ent.**, 27(1): 114-117.

Pavel B. Klimov & Barry M. O. Connor 2009. Conservação do nome **Tyrophagus putrescentiae**, uma espécie de ácaro com importância médica e económica (Acari: Acaridae). International Journal of Acarology, 35 (2): 95-114.

Paz, D.M.C. 1983. Sucesso reprodutivo do ácaro **Acarus siro** L. em queijo cheddar armazenado de diferentes idades. **J. Stored Prod. Res.**, 19: 97-104.

Pekar, S. e Hubert, J. 2008. Avaliação do controlo biológico de **Acarus siro** por **Cheyletus malaccensis** em condições laboratoriais: efeito das temperaturas e da densidade das presas. **J. Stored Prod. Res.**, 44: 335-340.

Perrucci, S., 1995. Atividade acaricida de alguns óleos essenciais e dos seus constituintes contra *Tyrophagus longior,* um ácaro dos alimentos armazenados. *J. Food Protect,* 58: 560-563.

Pillai, P.R.P. 1957. Pragas de peixes e camarões armazenados. *Bull. Central Res. Inst.* Univ. Kerala **V(III)**: 79.

Pingale, S.V. 1954. Efeito das pragas de produtos armazenados no valor nutritivo. *J. Food. Agric.*, **5**(1): 51-54.

Potts, M.E. e Rodriguez, J.G. 1978. Efeitos de óleos de especiarias em *Tyrophgusjntirescemiae* (Schrank). In: *Proc. North Central Branch Ent. Soc. Am.*, EUA: 32.

Quignard, E.L.J., Pohlit, A.M., Numomura, S.M., Pinto, A.C.S., Santos, E.V.M., Morais, S.K.R., Alecrim, A.M., Pedroso, A.C.S., Cyrino, B.R.B., Melo, C.S., Finney, E.J., Gomes, E.O., Souza, K.S., Oliveira, L.C.P., Don, L.C., Silva, L.F.R., Queiroz, M.M.A., Henrique, M.C., Santos, M., Pinto, P.S. e Silva, S.G. 2003. Triagem de plantas encontradas no Estado do Amazonas para letalidade contra artémia. *Ata Amazonica*, **33**: 93- 104.

Radinovsky, S. e Krantz, G.W. 1961. A biologia e ecologia dos ácaros dos cereais do noroeste do Pacífico. II. Técnicas de observação e criação em laboratório. *Ann. Ent. Soc. Am.*, **51**: 512-518.

Rajendran, S. 1994. Psocídeos em produtos alimentares e seu controlo. *Pestology*, **28**: 14-19.

Rakha, A., Aman, P. e Andersson, R. 2010. Caracterização dos componentes da fibra alimentar em produtos de centeio. *Food Chem*, **119**:859-867.

Rani, R., Gulati, R. e Walia, K.K. 2007. Flutuações sazonais na fauna de acarinos do solo em culturas em vasos de nemátodos parasitas de plantas. *J Insect Sci.*, **20**: 174-178.

Rao, J. e Prakash, A. 1985. Ácaro *Tyrophgus palmarum* (Oud.) em plântulas de arroz e bainhas de folhas. *Boletim informativo da Int. Rice Res. newsletter.*, **10**(4) : 13-14.

Rao, S.N. 1985. Pragas importantes de grãos armazenados. *Bull. Grain Tech.*, **23**(3): 241-246.

Rathbone, R.W. 1919. As perdas de armazenamento surpreendentes - causas e extensão. *Zaverecno Zprava*

VUPP, Praha, **1**: 91-93.

Robertson, P.L. 1959. Revisão do género *Tyrophagus* com uma discussão sobre a sua posição taxonómica nos Acarina. Aust. *J. Zool.*, 7: 146-181.

Robertson, P.L. 1961. Um estudo morfológico da variação em *Tyrophagus* (Acarina), com particular referência às populações que infestam o queijo. *Bull. Ent.*, **52**: 501-529.

Rodionov, Z.S. 1940. Kacestvennyj i kolicestvennyj ured ot chlebnych klescej. *Uc. zap. M.G.U. Zoologia*, **42**: 141-165.

Rodriguez, J.G. e Rodriguez, L.D. 1987. Ecologia nutricional de produtos armazenados e ácaros do pó doméstico. In: *Nutritional Ecology of Insects, Mites, Spiders, and Related Invertebrates* (eds. F. Slansky e J.G.Rodruquez). Wiley & Sons. pp. 345-368.

Rout, G. 1978. A note on the mite occuring in stored food and feed in Orissa. *Prakruti Utkal Univ. J. Sa.*, **10**: 141-144.

Rupollo, G. 2003. Efeitos da umidade e do sistema de armazenamento na qualidade industrial de graos de aveia. *Pelotas: FAEM/UFPel*. 81.

Saleh, S.M., El-Helaly, M.S. e El-Gayar, F.H. 1985 Survey on stored product mites of Alexandria (Egypt). *Acarologia,* **26**(1): 87-93.

Sanchez-Ramos, I. e Castanera, P. 2003. Avaliação laboratorial de pesticidas selectivos contra o ácaro de armazenamento *Tyrophagus putrescentiae* (Acari: Acaridae). *J. Med. Entomol.*, **40**: 475-481.

Sanchez-Ramos, I. e Castanera, P. 2005. Efeito da temperatura nos parâmetros reprodutivos e na longevidade de *Tyrophagus putrescentiae* (Acari: Acaridae). *Exp. Exp. Appl. Acarol*, **36**: 93-105.

Sanchez-Ramos, I., Alvarez-Alfageme, F. e Castanera, P. 2007. Efeitos da humidade relativa no desenvolvimento, fecundidade e sobrevivência de três ácaros de armazenagem. *Exp. Appl. Acarol.*, **41**: 87-100.

Sanchez-Ramos, I., e Castanera, P. 2001. Atividade acaricida de monoterpenos naturais sobre *Tyrophagus putrescentae* (Schrank), um ácaro de alimentos armazenados. *J. Stored Prod. Res.*, **37**: 93-101.

Saradamma, K., Dale, D. e Nair, M.R.G.K. 1977. Sobre a utilização de sementes de neem como protectoras para arroz armazenado. *Agril. Res. J. Kerala*, **51**(1): 102-103.

Saulnier, L., Sado, P.E., Branlard, G., Charmet, G. e Guillon, F. 2007. Arabinoxilanos de trigo: Explorar a variação na quantidade e composição para desenvolver variedades melhoradas. *J. Cereal Sci.*, **46**:261-281.

Saxena, R.C., Dixit, O.P. e Sukumaran, P. 1992. Avaliação laboratorial de extractos de plantas indígenas quanto à atividade hormonal anti-juvenil em *Culex quinquefasciatum*. *Indian J. Med. Res.*, **95**: 204-206.

Scala, G. 1995. A ingestão de ácaros do pó da casa pode induzir a síndrome intestinal alérgica. *Allergy,* **50**: 517-519.

Schrank , F. V. P. 1781. *Enumeratio insectorum Austriae indigenorum. vid*, Eberhardi Klett et Frank, Augustae Vindelicorum.

Schoonhoven, A.V. 1978. Utilização de óleos vegetais para proteger o feijão armazenado do ataque de bruchio. *J. Econ. Ent.*, **71**(2): 254256.

Shaalan, E.A.S., Canyon, D., Younes, M.W.F., Abdelwahab, H. e Mansour, A.H. 2005. Uma revisão dos fitoquímicos botânicos com potencial mosquitocida. *Environ. Intl.*, **31**:1149-1166.

Shaaya, E., Kostjukovski, M., Eilberg, J. e Sukprakarn, C. 1997. Óleos vegetais como fumigantes e insecticidas de contacto para o controlo de insectos de produtos armazenados. *J. Stored Prod. Res.*, **33**(1): 7-15.

Sheals, J.G. 1956. Notas sobre uma coleção de Acari do solo. *Ent.* Mon. Mag., **92**: 99-103.

Singh, L.N. e Pandey, N.D. 1975. Estudos de correlação entre a população de insectos, a percentagem de danos e a perda de peso de variedades de milho devido a *Rhizopertha dominica* F. e *Sitotroga cerealella* Oliv. *Ind. J. Ent.*, **37**(3): 239-242.

Singh, M. 1985. *Biologia e comportamento alimentar de um ácaro Suidasia_nesbitti (Hughes).* Tese de Mestrado, H.A.U. Hisar.

Singh, M. 1990. *Alterações qualitativas e quantitativas em alguns grãos alimentares devido à infestação de ácaros.* Tese de doutoramento, H.A.U., Hisar.

Singh, M. e Gulati, R. 2001. Minimização das perdas devidas a ácaros nas principais leguminosas durante o armazenamento. *Relatório técnico final.* CSIR, Nova Deli:1-129.

Singh, S.R., Luse, R.A., Leuschner, K. e Mangju, D. 1978. Tratamento com óleo de amendoim para o controlo de Callosobruchus.maculatus (F.) durante o armazenamento de feijão-frade. *J. stored Prod. Res.,* 14: 77-80.

Sinha ,R.N. 1974. Abundância sazonal de insectos e ácaros em celeiros de pequenas explorações agrícolas. Environ. Ent. 3(5) : 854-862.

Sinha, R.B. 1979. Papel de Acarina no ecossistema de grãos armazenados. In: Recent *Advances in Acarology*, (Rodriguez, J.G. ed.), Vol. I. Academic Press, Nova Iorque, 263-273 pp.

Sinha, R.B. 1979. Papel de Acarina no ecossistema de grãos armazenados. In: Recent *Advances in Acarology*, (Rodriguez, J.G. ed.), Vol. I. Academic Press, Nova Iorque, 263-273 pp.

Sinha, R.N. 1964a. Ácaros de grãos armazenados no oeste do Canadá. Ecologia e estudo. **Proc. ent. Soc. Manitoba, 20**: 19-33.

Sinha, R.N. 1964b. Effect of low temperature on the survival of some stored products mites. **Acarologia, 6**: 336-341.

Sinha, R.N. 1966. Alimentação e reprodução de alguns ácaros de produtos armazenados em fungos nascidos em sementes. **J. Eco. Ent., 59**(5): 227232.

Sinha, R.N. 1969. Reprodução de insectos de grãos armazenados em variedades de trigo, aveia e cevada. **Ann. Entomol. Soc. Am., 62**: 1011-1015.

Sinha, R.N. 1973. Inter-relações de variáveis físicas, químicas e biológicas na deterioração de grãos armazenados. In: **Grain storage part of a system** (Sinha, R.N. and Nuir, W.E. eds.), Westport, Connecticut. The Avi. Publishing Co., 14-45 pp.

Sinha, R.N. 1984. Comunidade acarina no ecossistema de colza armazenada. In: **Acarology VI** (eds Griffiths, D.A. e Bowman, C.E.), Ellis Horwood limited, Chichester, pp. 1017-1025.

Sinha, R.N. 1991. Papel dos voláteis odoríferos no ecossistema de grãos armazenados. In: **Proc 5th Int Work Conf on Stored Product** *Prot.* (Fleurat-Lessard F. and Ducom P eds). Bordéus, França, 3-13pp.

Sinha, R.N. e H.A.H. Wallace. 1966. Association of grainary mites and stored born fungi in stored grain in outdoor habitats. Ann. Entomol. Soc. Amer. 59:1170-1181.

Sinha, R.N. e Watters, F.L. 1985. *Insect pests of flour mills, grain elevators, and feed mills and their control.* Agric Canada Publ 1776E, Canadian Govt Publ Centre, Ottawa, Canadá, 290 pp.

Slavin, J.L. 2008. Posição da Associação Dietética Americana: implicações da fibra alimentar para a saúde. *J. Amer. Dietet. Ass.,* **108**(10):1716-1731.

Solomon, M. E. 1946. Ácaros tiroglifídeos em produtos armazenados. Estudos ecológicos. *Ann. Appl. Biol.,* **33**: 280-289.

Somchaudhary, A.K. e Mukherjee, A.B. 1971. Observations on the seasonal abundance of some common stored grain mites in India (Observações sobre a abundância sazonal de alguns ácaros comuns dos cereais armazenados na Índia). *Indian J. Ent.,* **33**: 350-357.

Sommerfield, K.G., Manson, D.C.M. e Dale, P.S. 1980. Insectos e ácaros associados a áreas de armazenamento de produtos lácteos secos na Nova Zelândia. *NewZealand J. Exp. Agri.,* **8** (1): 83-85.

Sowunmi, O., Akinnusi, O.A., Chukwudebe, A.,Shejbal, J. e Agboola, S.D. 1982. Um exame laboratorial do milho amarelo armazenado sob azoto na Nigéria. *Trop. Sci.,* **24**: 119-129.

Spiegel, W.A., Anolik, R. Jakabovics, E. e Arlian, L.G. 1995. Anafilaxia associada à ingestão de ácaros do pó. *Ann. Allergy Asthma Immunol*, **74**: 56.

Stables, L.M. 1980. The effectiveness of some recently developed pesticides against stored-product mites. *J. Stored Prod. Res.,* **16**: 143-146.

Stamopoules, D.C. 1991. Efeitos de quatro vapores de óleos essenciais na oviposição e fecundidade de *Acanthoscelides obtectus* (Say) (Coleoptera : Bruchidae): Avaliação em laboratório. *J. Stored Prod.* Res., **27**(4): 199-203.

Stara, J., Nesvorna, M. e Hubert, J. 2011. A pré-exposição a longo prazo do ácaro *Tyrophagusputrescentiae* a resíduos sub-letais de bifentrina na colza não afectou a sua suscetibilidade à bifentrina. *Crop Protec.*, **30**: 12271232.

Stejskal, V., 2001. Um novo conceito de nível de prejuízo económico que inclui a penalização dos danos causados à qualidade e à segurança dos produtos agrícolas. *Pl. Prot. Sci.,* **37**: 151-156.

Stejskal, V., J. Hubert, A. Kubatova, V. Taborsky, J. Polak, A. Lebeda e V. Kudela. 2002. Perigos alimentares associados: fungos e ácaros de armazenagem em papoila, mostarda, alface e trigo. Pl. Prot. Sci. **38(2)**:673-680.

Stejskal, V., J. Hubert, Z. Munzburgova, J. Lukas e E. Zdarkova. 2003. The influence of type of storage on pest infestation of stored grain in the Czech Republic. Plant Soil Env. 49(2):55-62.

Su, H.C.F. 1986. Avaliação laboratorial da toxicidade e repelência das sementes de coentros para quatro espécies de insectos de produtos armazenados. **J. Entomol. Sci.**, 21(2): 169-174.

Su, H.C.F. 1989a. Efeitos do fruto de **Myristica fragrans** (Família: Myristicaceae) em quatro espécies de insectos de produtos armazenados. **J. Entomol. Sci.**, 24(2): 163-173.

Su, H.C.F. 1989b. Avaliação laboratorial do extrato de sementes de endro na redução de infestações do gorgulho do arroz em trigo armazenado. **J. Entomol. Sci.**, 24(3): 317-320.

Su, H.C.F., Speir, R.D. e Mahany, P.C. 1972. Óleos cítricos como protetores de ervilhas-de-cheiro contra o gorgulho do feijão-caupi. Avaliações laboratoriais. **J. econ. Ent.**, 65(5): 1433-1436.

Subramanian, T.V. 1942. Sweetflag (**Acarus calamus**): Uma fonte potencial de insecticidas valiosos. **J. Bombay Nat. Hist. Soc.**, 48(2): 333.

Subramanyam, V.A.P. 1954. Valor alimentar de vários produtos armazenados no desenvolvimento de *Tribolium_castaneum. Indian J. Agric. Sci.,* **15**: 1-12.

Suhargo, S. e Dharmawati, E. 1985. Armazenamento de milho em tambores herméticos simples. Sistemas e ligações de investigação e desenvolvimento para uma indústria viável de pós-colheita de cereais nos trópicos húmidos. *Proc. 8th ASEAN Technical Seminar on Grain Post-Harvest Technology,* (Semple R.L. and Frio, R.S. eds): 139-149.

Swaminathan, M. 1977. Efeito da infestação de insectos na perda de peso, condição higiénica e valor nutritivo dos grãos alimentares. *Indian J. Nutr. Dietet.,* **14**(7): 205-216.

Szlendak, E., Conyers, C., Muggleton, J. e Thind, B.B. 2000. Resistência ao pirimifos-metilo em dois ácaros de produtos armazenados, *Acarus siro* e *Acarus farris,* detectada por bioensaio em papel impregnado e ensaios de atividade de esterase. *Exp. Exp. Appl. Acarol.,* **24**: 45-54.

Szlendak, E. e Kraszpulski, P. 1991. Orçamento energético do ácaro do grão, *Acarus siro* (Acari: Acaridae). *Exp. Exp. Appl. Acarol.,* **10**: 221-230.

Tabassum, M.A. e S.I. Ahmad. 1989. Danos nos grãos alimentares durante o armazenamento e sua prevenção. Prog. Farm. Pak. Agric. Res. Count. 9:26-30.

Tapondjou, L.A., Adler, C., Bouda, H. e Fontem, D.A. 2002.Eficácia do pó e do óleo essencial das folhas de *Chenopodium ambrosioides* como protectores dos cereais pós-colheita contra os escaravelhos dos seis produtos armazenados. *J. Stored Prod. Res.,* **38**: 395-402.

Taylor, T.A. 1977. Efeito das cascas de laranja e de uva na infestação de *Callosobruchus maculates no feijão-frade do* Gana. *J. agric. Sci.,* **8**(2) : 169-172.

Taylor, W.E. e Vickery, B. 1974. Propriedades insecticidas do limoneno, um constituinte dos óleos de citrinos. Ghana *J. Agric. Sci.,* **7**: 61-62.

Thind, B.B. e Clarke, P.G. 2001. A ocorrência de ácaros em alimentos à base de cereais destinados ao consumo humano e possíveis consequências da infestação. *Exp. Exp. Appl. Acarol.,* **25**: 203-215

Throne, J.E., Douglas, C., Doehlertb, M. e McMullenc, S. 2003. Suscetibilidade de cultivares comerciais de aveia a *Cryptolestes pusillus* e *Oryzaephilus surinamensis. J. Stored Prod. Res.,* **39**: 213-223.

Tjying, I.S. 1971. Um estudo de campo sobre os ácaros que infestam o açúcar armazenado em Taiwan. *PL Prot. Bull.,* **13**(4): 147-155.

Tseng, Y.H. 1979. Estudos sobre os ácaros que infestam os produtos alimentares armazenados em Taiwan. In: *Recent Advances in Acarology* (Rodriguez, J.G. ed.), Vol.1, Academic Press, London. 311-316pp.

Tullgren, A. 1918. Ein sehr ein facher Ausks eapparat fur terricole Tierformen. *Z. angew. Ent.,* **4**: 149-150.

Vanhaelen, M.A., Vanhaelen-Fastre e Geeraets, J. 1980. Ocorrência em cogumelos (Homobasidiomycetes) de atractivos cis e trans-octa-1, 5 dien-3-ol para o ácaro do queijo *Tyrophagus putrescentiae* (Schrank) (Acarina! Acaridae). *Experientia,* **36**: 406-407.

Venkat, Rao, S.R., Nugehalli, N., Pingale, S.V. e Swaminathan, M. 1960. O efeito da infestação de **Sitophilus oryzae** e **Trogoderma granarium** na qualidade do trigo. **J. Sci. Fd. Agric.,** **27**: 24-29.

Voloschuk, V.M. 1936. Ácaros encontrados em grãos armazenados na Crimeia. **Zashch. Rast. Vredit.(Pl. Protec.),** **8**: 154-156.

Weaver , D.K. e Petroff, A.R. 2009. **Pest Management for Grain Storage and Fumigation (Gestão de pragas para armazenamento de grãos e fumigação).** Departamento de Entomologia, Universidade Estadual de Montana, 333 Leon Johnson Hall, Bozeman, MT.

White, N.D.G. e D.S. Jayas. 1993. Infeção microfloral e deterioração da qualidade das sementes de girassol afectadas pela temperatura e pelo teor de humidade durante o armazenamento e pela adequação das sementes à infestação por insectos ou ácaros. Canad. J. Plant Sci. **73**:303-313.

White, N.D.G., Henderson, L. P. e Sinha. R. N. 1979. Effects of infestations by three stored product mites on fat acidity, seed germination, microflora of stored wheat. **J. Econ. Entomol.,** **72**: 763-766.

Wildey, K. B., Prickett, A. J., MacNicoll, A. D., Chambers, J. e Thind. B. B. 1998. The contribution of resistance in UK stored product pests to control failure and subsequent food contamination, **In British Proc. Crop Protec. Council - Pest Diseases Conf.**, Brighton, Reino Unido, 16-19 de novembro de 1998: 503-510pp.

Wilkin, D. R. 1975. The effects of mechanical handling and admixture of acaricides on mites in farm stored barley. **J. Stored Prod. Res.**, **11**: 87-95.

Wilkin, D.R. e Stables, L.M., 1985. Os efeitos de pós contendo etrimfos, etacrifos ou pirimifosmetilo sobre os ácaros nas camadas superficiais da cevada armazenada. Exp. appl. Acarol, 1: 203-211.

Witalinski, W. 1993. Cascas de ovos em ácaros: envelope vitelino e córion em Acaridida (Acari). *Exp Appl. Acarol.,* *17:* 321-344.

Woolley, T.A. 1988. *Acarologia: Mites and Human Welfare.* John Wiley and Sons, EUA 1-463pp.

Xu, H.H., Chiu, S.F., Jiang, F.Y. e Huang, G.W. 1993. Experiências sobre a utilização de óleos essenciais contra insectos de produtos armazenados num armazém. *J. South China Agric. Univ., 14*(3): 42-47.

Yacout, G. Galila, A. e Samia, M. Saleh, 1988. O efeito de *Aleuroglyphus ovatus* no farelo de trigo armazenado. *Pak. J. Sci. Ind. Res. 31* (2): 123-125.

Yadav, A. 1989. *Respostas funcionais e numéricas de Cheyietus malaccensis_às suas presas numa massa de trigo armazenado.* Tese de doutoramento, H.A.U., Hisar.

Yadav, A.E., Morgan, B.L., Vyzenski-Moher, D.L. e Arlian, D.L. 2006. Prevalência de soro IgE para ácaros de armazenamento na população do sudoeste do Ohio. *Annl. Aller. Asthma Immunol., 96*: 356-362.

Yemm, E.W. e Willis, A.J. 1954. A estimativa de hidratos de carbono em extractos de plantas por antrona. *J. Biochem, 57*: 508514.

Yoshizawa, T., Tamamoto, T. e Yamamoto, R. 1972. Isolamento e elucidação estrutural dos componentes do queijo que atraem o ácaro do queijo, *Tyrophagus putrescentiae.* Mem. *Tokyo Univ. ofAgric, 15*: 1-29.

Yoshizawa, T., Yamamoto, I. e Yamamoto, R. 1970. Atractores olfactivos voláteis de *Tyrophagus putrescentiae. Batyu-kagaku,* Tóquio, *35*: 43-45.

Yoshizawa, T., Yamamoto, T. e Yamamoto, R. 1971. Atração sinérgica dos componentes do queijo pelo ácaro do queijo *Tyrophagus putrescentiae* (Schrank) *Batyu-Kagaku,* Tóquio, *36(*1): 1-6.

Zachvatkin, A.A., 1941. Fauna de Arachnoidea da URSS VI (1) Tyroglyphoidea (Acari). Zool. Inst. Acad. Sci., USSR, New Ser. No. 28. Tradução inglesa de 1959, Rateliffe, A., Hughes, A. M., Amer. Inst. Biol. Sci., pp. 573.

Zdarkova, E. 1971. Orientação de *Tyrophagus putrescentiae* (Schrank) para estímulos olfactivos. In: *Proc. 3rd Intl. Congr. Acarol,* Praga: 241-246.

Zdarkova, E. 1974. Comportamento de procura de alimento de alguns ácaros de produtos armazenados. In:

Proc. 4th Int. Cong. Acarol, 245- 247pp.

Zdarkova, E. 1991. Acarologia de produtos armazenados. In: **Modern Acarology** (Dusbabek, F., Bukva, V. eds.), Vol. I. Academia, Praga: 211-218pp.

Zdarkova, E. 1996. **Acarologia moderna**, SPB Publ., República Checa: 607-610.

Zdarkova, E. 1998. Proteção biológica dos cereais e sementes armazenados contra os parasitas do armazenamento. Metodiky-Pro-zemedelskou- Praxi 4:15-28.

Zdarkova, E. e Reska, M. 1976. Perdas de peso do amendoim *(Arachis hypogae A.* L.) devido à infestação pelos ácaros *Acarus siro* L. e *Tyrophagus putrescentiae* (Schrank). *J. Stored Prod. Res.,*12: 101-104.

Zdarkova, E. e Voracek, V., 1993. O efeito de factores físicos na sobrevivência de ácaros de alimentos armazenados. *Exp. Appl. Acarol,* 17: 197-204.